増えない原因、
失敗の理由がわかる！

メダカが増やせる本

監修◎馬場浩司

メダカのカップルたち

卵—生命の源

メダカの親子

まだ小さな稚魚

人気の改良品種

はじめに

日本で人気のペットといえば、犬と猫が大定番ですが、近年、そのツートップに迫ってきている意外な生き物がいます。それはメダカです。メダカは最近のペットランキングで犬・猫に次ぐ3位に入っており、マーケットの規模も急拡大を続けるなど、世間はメダカブームの真っ只中といっても過言ではありません。

メダカは多くの日本人にとって親しみ深く、比較的丈夫で環境適応能力が高いことから、飼育するのはそう難しくありません。最低限、水槽さえあればメダカを飼うことができます。そうした手軽さに加え、繁殖させやすいことが現在のメダカブームの背景にあるといわれています。

実際、メダカ飼育の醍醐味は「繁殖」や「改良」にあります。オスとメスを選んで交配させ、メダカを増やす。さらに一歩進んで、より美しい個体をつくったり、体の形や色を変化させる――。そうした楽しみがメダカファンの急増につながっているのです。

改良メダカはいまや700種類以上になり、1匹100万円もするものが登場するなど、ビジネスにも発展。副業としてメダカの繁殖にチャレンジする人も増えているそうです。

ただし、すべてがうまくいくわけではありません。いざメダカの繁殖や改良をはじめると、メスがいつになっても卵を産まない、生まれた稚魚の成長に時間がかかる、改良品種の特徴が次世代に継承されないといった多くの問題に直面するでしょう。熱帯魚などに比べると簡単とはいえ、経験が浅い人が一朝一夕にノウハウをつかめるほど甘くはないのです。

そこで本書は、メダカ飼育の基本事項から、産卵・フ化のさせ方、稚魚の育て方、そして改良品種をつくるコツまでを、写真やイラストを交えてわかりやすく解説しました。メダカを増やしたいという人から、ゆくゆくはブリーダーになって改良メダカの販売ビジネスをやりたいという人まで、ノウハウの基本をつかむのにうってつけです。

本書を読んで、メダカに対する愛情・興味をより高めていただければ、これ以上嬉しいことはありません。

馬場浩司

メダカが増やせる本　目次

はじめに　6
本書の見方　15

序章 メダカのキホン

【メダカという魚を知る】… メダカはもっとも身近でなじみ深い魚　18
《プラスα》… 世界のメダカたち　20
【体の構造】… 小さくてシンプルでかわいらしい体　22

【メダカの一日と一年】…メダカはこんな毎日を過ごしている　24
【メダカのエサ】…雑食性で、基本的になんでも食べる　26
【飼育の第一歩】…最初に何を準備すればよいのか？　28
【入手方法】…愛しいメダカをどうやって手に入れる？　30
【水槽のセッティング】…容器に水を入れ、底砂を敷いて水草を植える　32
《プラスα》…水草図鑑　34
《プラスα》…水槽のレイアウト　36
【水換えと掃除】…水槽内の環境をきれいに保ち、メダカの健康を守る　40
【毎日のルーティン】…朝・昼・夜、どんな世話をするのか？　42
【季節の注意点】…春・夏・秋・冬、それぞれの時期に気をつけること　44
気になるＱ＆Ａ　46

1章

繁殖の準備

【繁殖前の心得】… 好き放題に増やしすぎないように！ 50

【繁殖の時期】… 生まれて3ヶ月ほどすると、繁殖可能になる 52

【産卵条件】… 繁殖行動が盛んになる条件がある 54

【オス・メスの見分け方】… 尻ビレと背ビレを見れば、オスとメスが一目瞭然 56

【種親の健康チェック】… 繁殖にふさわしいかどうかを的確に見分ける 58

《プラスα》… メダカがかかりやすい病気 60

【道具を集める】… メダカを増やすためには何が必要なのか？ 62

【水を整える】… 親メダカも稚魚も、水質には十分に気をつける 64

【産卵場所の準備】… 産卵・採卵に最適な産卵場所を用意する 66

【フ化用水槽の用意】… フ化率を上げる水槽のつくり方 68

気になるQ&A 70
増えない原因、失敗チェック 72

2章 交配と産卵

【ペアリング】… オスとメスの比率は1対2くらいが理想 76
【繁殖行動】… メダカの交尾の流れをおさえておく 78
【卵がフ化するまで】… 刻々と変化する卵の様子を見守ろう 80
【卵の採取①】… 産卵床や水草ごとフ化用水槽へ移す 82
【卵の採取②】… こんなときには綿棒やハケを使って採卵する 84
【卵の除去】… 健康な卵を守るため、無精卵や死卵を取り除く 86
【繁殖のコントロール】… たくさん増やす方法・増やさない方法を知る 88

気になるQ＆A　90
増えない原因、失敗チェック　92

3章 稚魚を育てる

【稚魚の飼育】…大人になるまでの成長過程を知っておこう　96
【フ化直後の飼育法】…フ化したばかりの「針子」にエサは不要　98
【フ化後半月の飼育法】…食べ残しの処理と選別が生存率を大きく変える　100
【フ化後１ヶ月の飼育法】…過密飼育にならないよう十分に注意する　102
【フ化後１ヶ月以降の飼育法】…１cmを超えたら親と同じ水槽で飼育する　104
【稚魚のエサ①】…人工飼料を少しずつ、複数回に分けて与える　106
【稚魚のエサ②】…人工飼料だけでなく活餌も与えて成長を促進　108

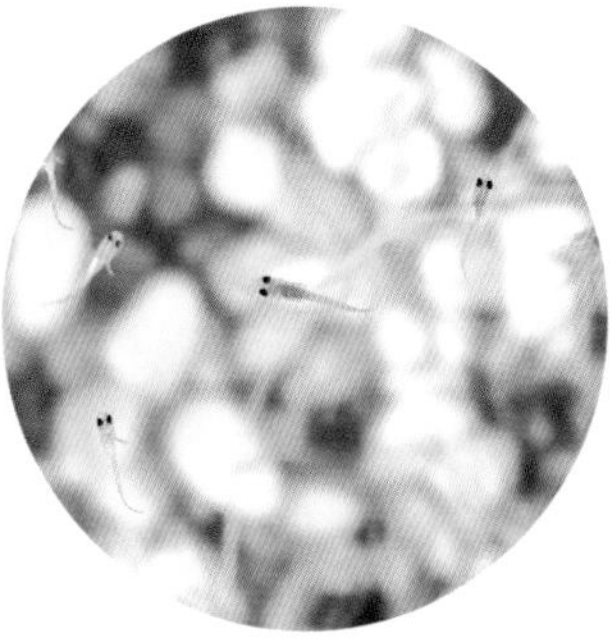

《プラスα》…ミジンコの培養法 110
【グリーンウォーター】…屋外飼育の場合は、ぜひ活用したい便利な水 112
【稚魚の水換え】…デリケートな稚魚だから水換え時にはココに注意 114
【稚魚の病気チェック】…異常を見つけたら病気を疑ってみる 116
気になるＱ＆Ａ 118
増えない原因、失敗チェック 120

4章 改良品種のつくり方

【メダカのタイプ①】…品種改良で増えていった体型のバリエーション 124
【メダカのタイプ②】…突然変異で生まれた多種多様なメダカたち 126
【作出の歴史】…新しい品種が少しずつ生み出されてきた 128

《プラスα》…品種ギャラリー　130
【遺伝のしくみ】…メンデルの法則をふまえて交配させる　138
【作出の流れ】…思い描いた形質のメダカをつくる　140
【系統維持の方法】…選別交配を行い、特徴ある系統を何代も維持する　142
【品種改良の方法】…選別を重視し、突然変異の出現を見逃さない　144
【新品種が生まれたら】…新しい特徴をもつメダカを新種と認めてもらう　146
気になるQ＆A　148
増えない原因、失敗チェック　150
メダカ飼育・繁殖用語　ひと言解説　152
主な参考文献・写真提供　158

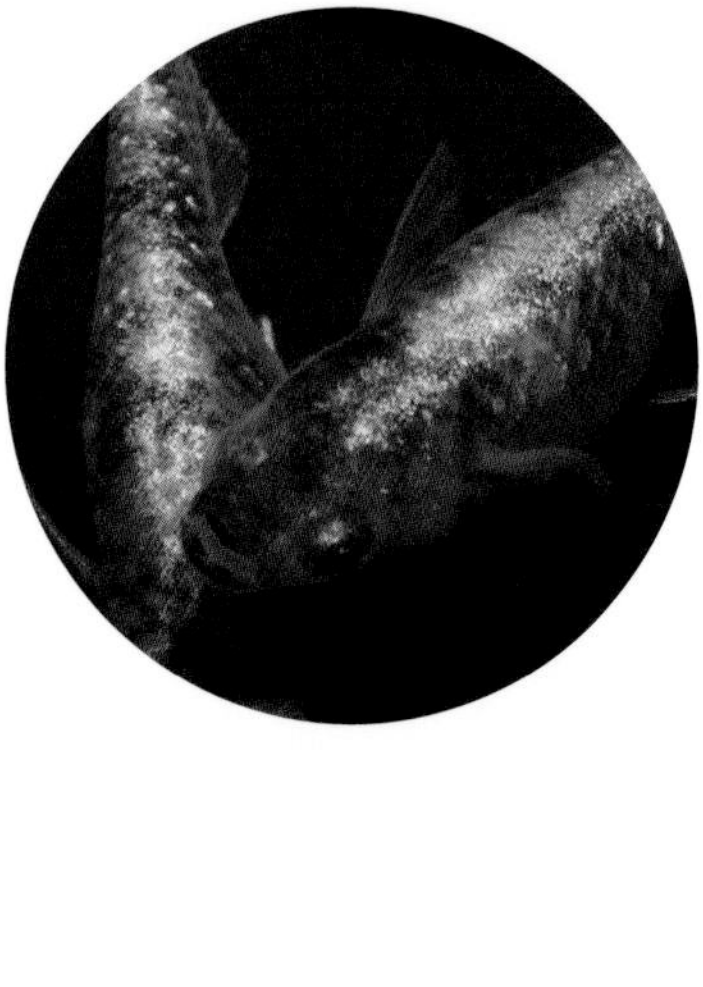

本書の見方

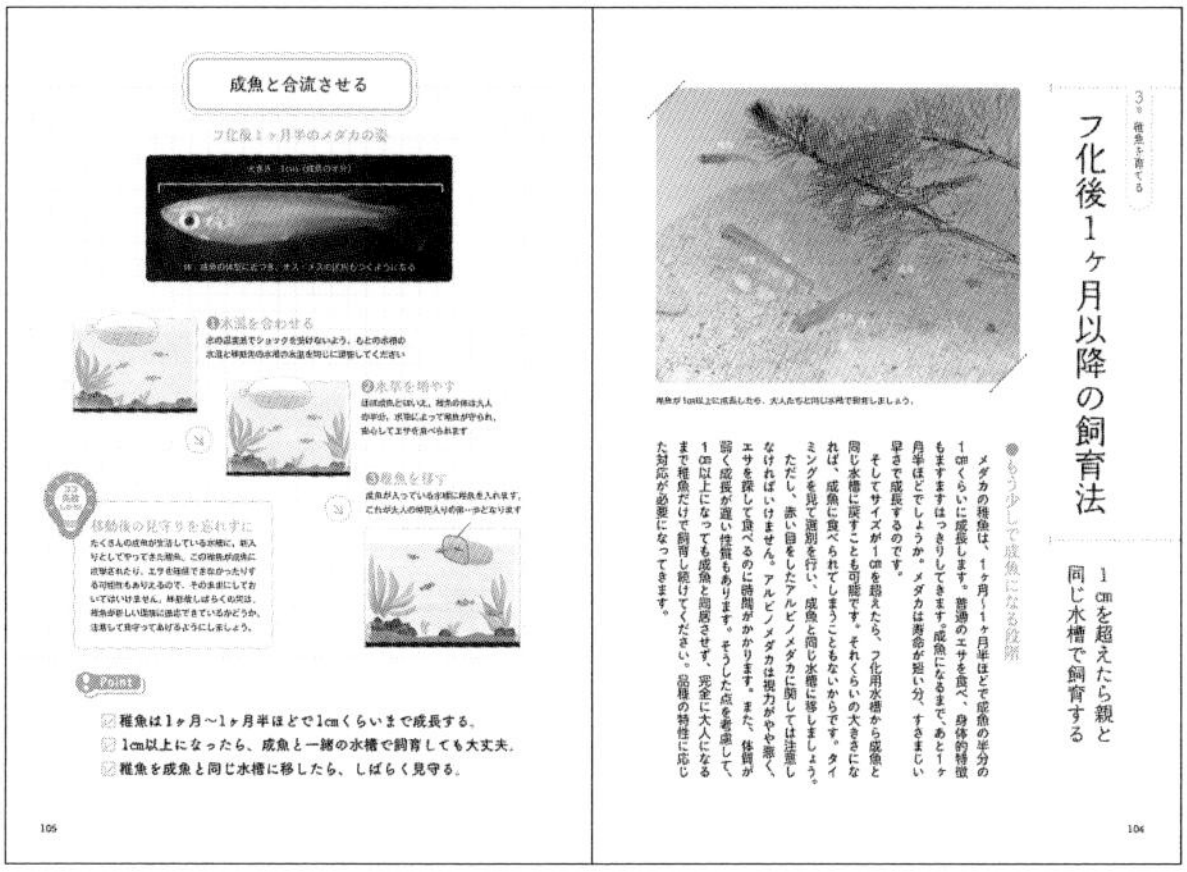

メダカの飼育・繁殖に関するトピックを、文章と図版（写真・イラスト）で解説しています。最後に3つのポイントでまとめています。

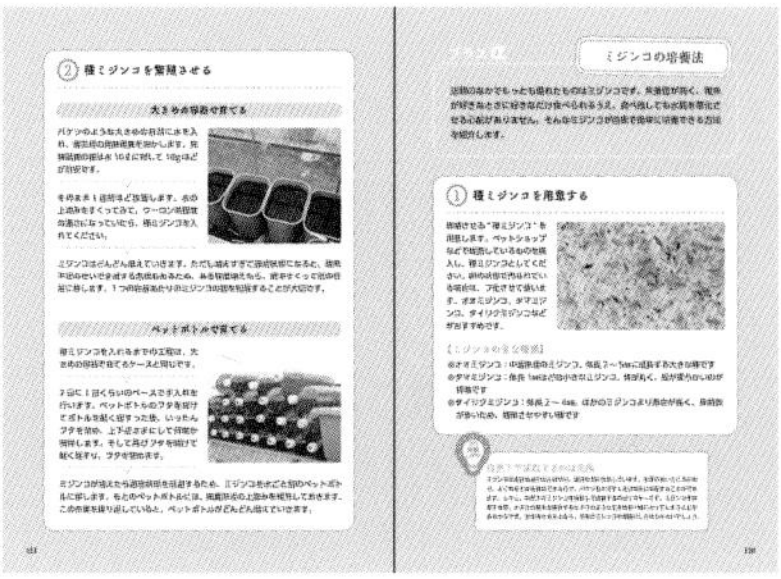

【プラスα】
前ページの内容に関連した、おさえておきたい情報です。

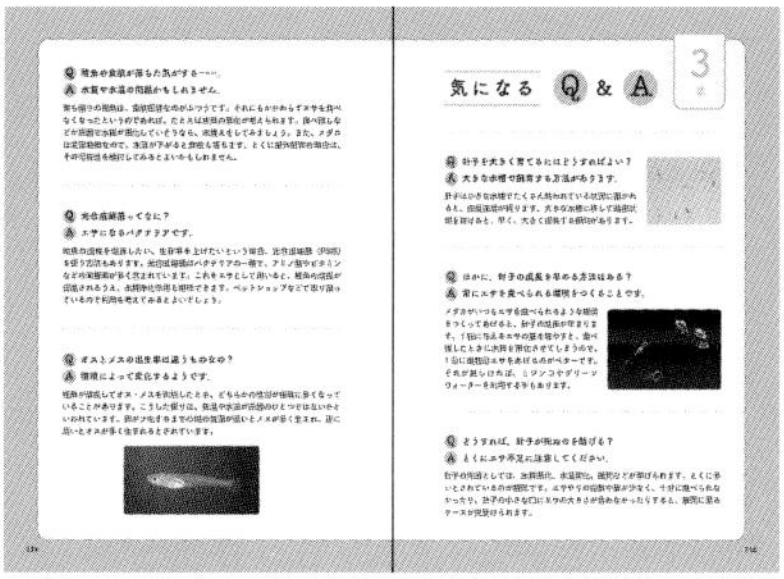

【気になる Q&A】
その章の本編で紹介しきれなかった情報を、Q&A 形式で解説しています。

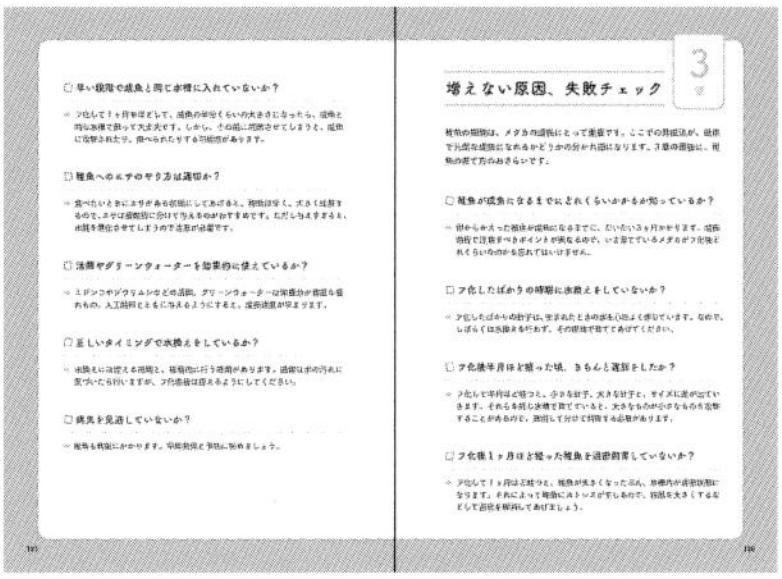

【増えない原因、失敗チェック】
その章のおさらいです。復習として、もう一度、確認しておきましょう。

序章

メダカのキホン

メダカを増やす前に、まずはメダカの基本を確認しておきましょう。そもそもどんな魚なのか、何を食べているのか。飼育する場合は何が必要なのか。とくに、はじめてメダカを飼う方は、この章の内容をしっかりとおさえるようにしてください。

田んぼにたたずむメダカたち。日本の原風景です。

メダカという魚を知る

メダカはもっとも身近でなじみ深い魚

●メダカはサンマの仲間!?

日本には数百種類の淡水魚が生息しています。そのなかで、もっとも身近でなじみ深い魚のひとつがメダカです。北海道を除く日本各地の池や小川、田んぼなどで見られるメダカを「ニホンメダカ」といい、生物学上はダツ目メダカ亜目メダカ科に分類されます。この分類に従うと、メダカはサンマやサヨリなどの仲間ということになります。

また現在、ニホンメダカは「クロメダカ」とも呼ばれています。青森県から京都府北部の日本海側に生息する北日本集団と、それ以外の地域に生息する南日本集団に大きく分かれ、北日本集団に属する野生のメダカは「キタノメダカ」、南日本集団に属する野生のメダカは「ミナミメダカ」といいます。一見、両者は同じようですが、よく見ると体に違いがあることがわかります。

野生のメダカが突然変異を起こすと、珍しい色や形のメダカが生まれます。そのメダカを繁殖させたものが改良品種で、ヒメダカやシロメダカなどが該当します。

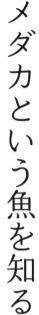

メダカのすみかと分布

メダカは池や小川、田んぼなど、水の流れの緩やかな場所に生息しています。大きな川、流れの速い川などではあまり見られません

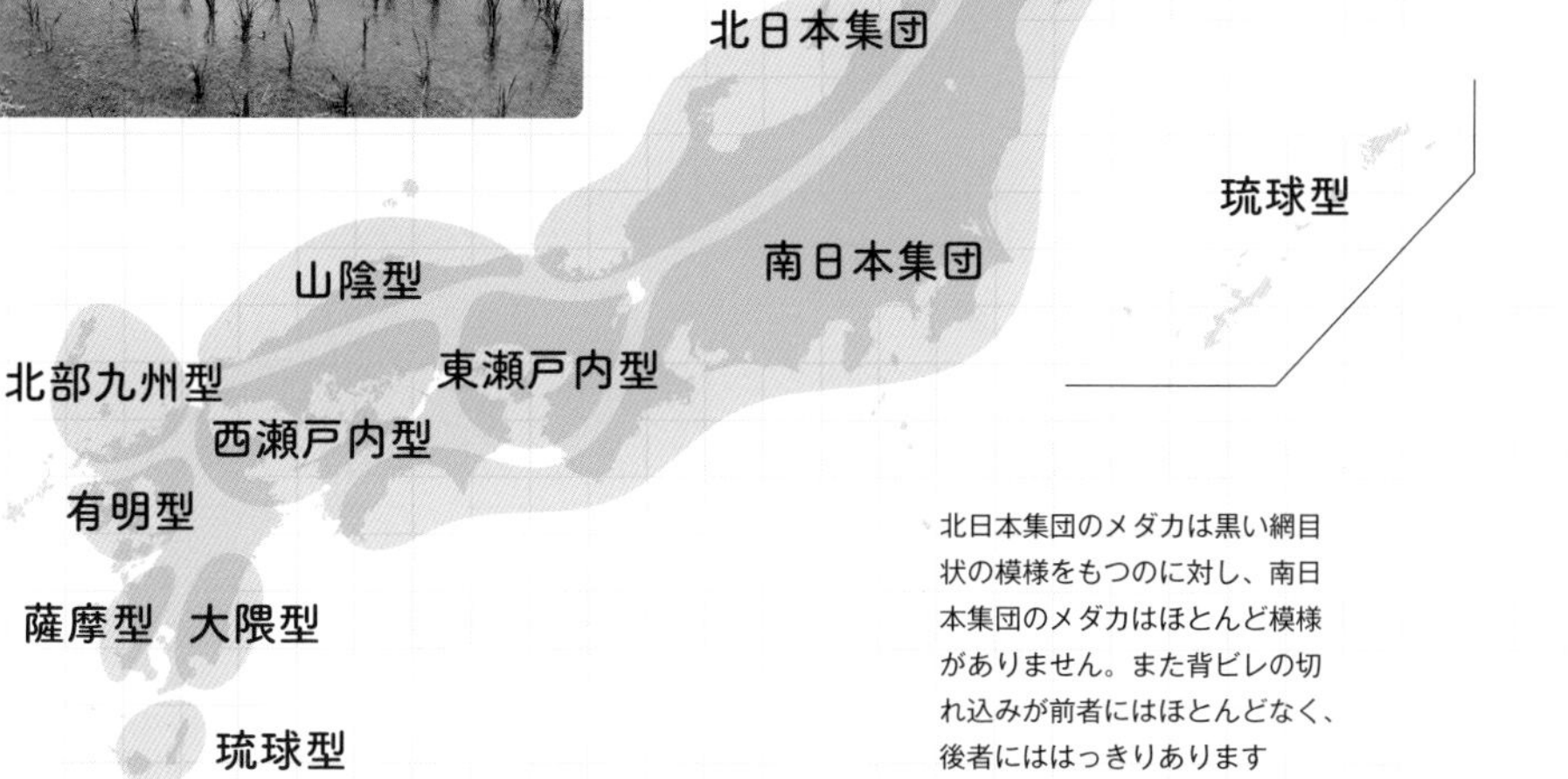

北日本集団のメダカは黒い網目状の模様をもつのに対し、南日本集団のメダカはほとんど模様がありません。また背ビレの切れ込みが前者にはほとんどなく、後者にははっきりあります

Point

- ☑ メダカは日本各地の池や小川、田んぼなどに生息している。
- ☑ 北日本集団と南日本集団に大きく分けられる。
- ☑ 突然変異を起こしたメダカを繁殖させたものを改良品種という。

プラスα

世界のメダカたち

メダカは日本だけではなく、中国や朝鮮半島、東南アジア、インドなどにも生息しています。塩分耐性をもち、海でも暮らせるインドメダカや、6～8㎝もある大型のプロファンディコラメダカなど、ユニークな種がたくさんいます。日本のペットショップなどで販売されているものもいます。

ジャワメダカ

分布　インドネシアなど

インドメダカ同様、淡水でも海水でも生息可能なメダカです

インドメダカ

分布　インド周辺

塩分耐性があるため、海でも暮らすことができます

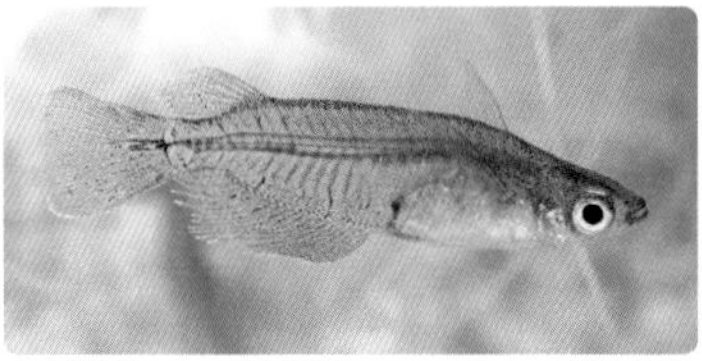

ウォウォラエメダカ※

分布　インドネシアなど

メタリックブルーの体に赤く輝く胸部が鮮やかな熱帯地域のメダカです

プロファンディコラメダカ※

分布　インドネシアなど

6～8㎝もある大型のメダカ。黄色の体が特徴です

ネオンブルー・オリジアス※

分布　インドネシアなど

ウォウォラエメダカに似た、メタリックブルーの体が美しいメダカ

セレベンシスメダカ※

分布　インドネシア

スラウェシ島に生息。尾ビレの上下に入る黄色のエッジが特徴

オリジアス・エバーシ※

分布　インド周辺

メスは卵がフ化するまで腹部で卵を守ります

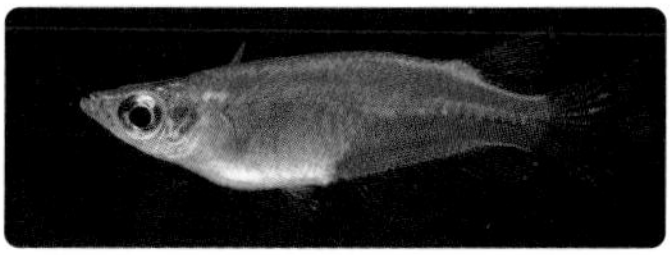

ペクトラリスメダカ※

分布　ベトナム、ラオスなど

胸ビレの付け根の黒色の斑点が特徴。4㎝くらいまで成長します

※画像提供：琉球大学熱帯生物圏研究センター

体の構造

小さくてシンプルでかわいらしい体

見れば見るほど愛らしいメダカの顔。その体は小さいながら、優れた機能をもっています。

●メダカは日本最小の淡水魚

メダカは体長が3～4㎝程度しかなく、日本でもっとも小さな淡水魚といわれています。その小ささが愛らしさの源ともいえるでしょう。

とてもシンプルな体ですが、機能性の高いさまざまな器官を備えています。エサをいち早く見つける目は大きく、上向きについています。口も水面に浮いているエサを食べるために上向きになっています。においを感じる鼻もあります。耳は頭骨の内側にあり、振動を感じとります。

目の横についているエラは、呼吸をするための器官。ここで水に溶けた酸素を吸収し、二酸化炭素を放出します。

われわれヒトの体と大きく異なるのは、胃にあたる器官がないこと。エサを食べると、食道から腸へ送られ、そこで消化・吸収されます。したがって、エサをたくさん食べても、「食いだめ」をすることができません。

また、オスとメスとで体の特徴が異なりますが、その違いについては56ページで詳しく紹介します。

メダカの体

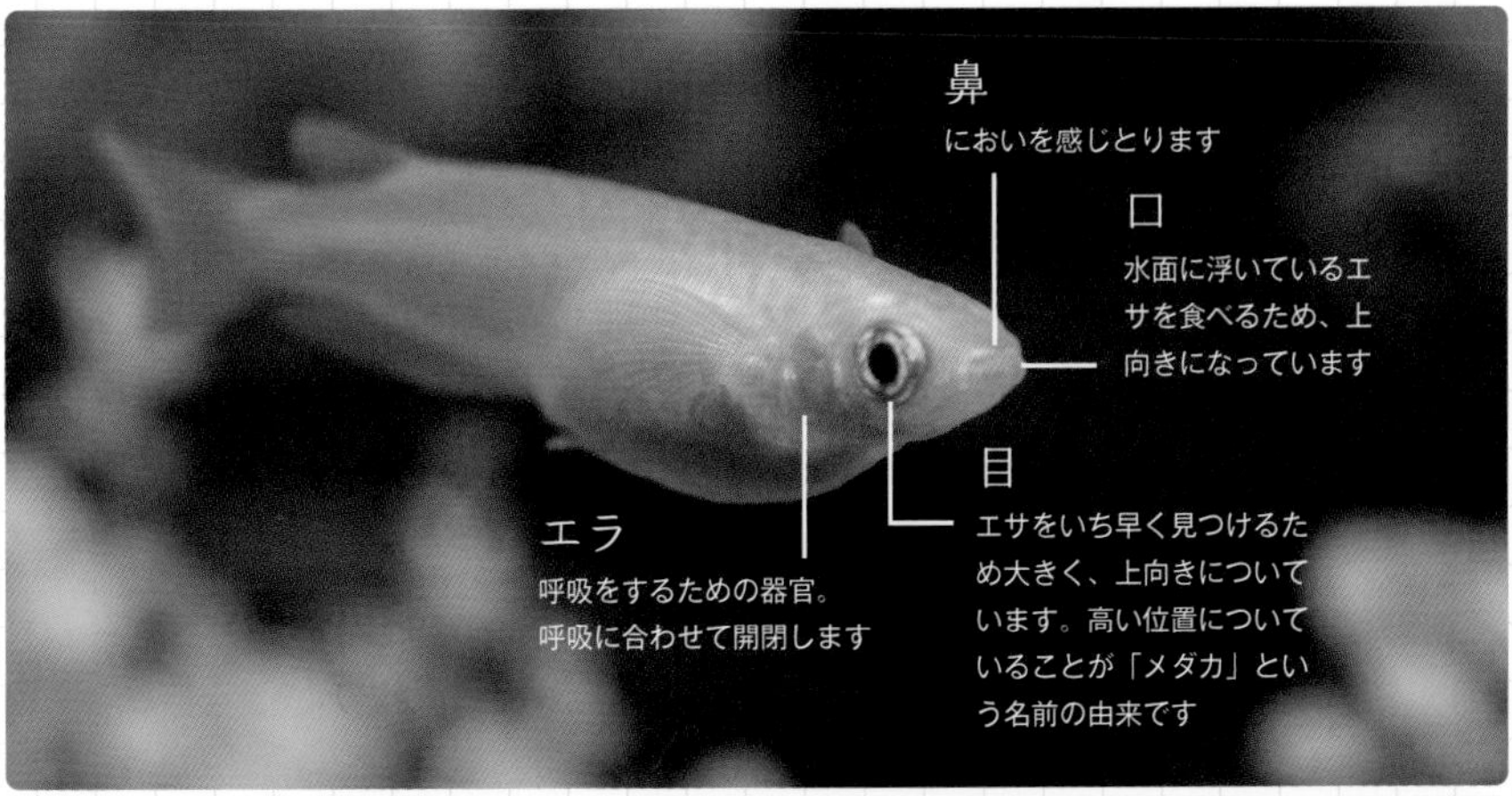

鼻
においを感じとります
口
水面に浮いているエサを食べるため、上向きになっています
目
エサをいち早く見つけるため大きく、上向きについています。高い位置についていることが「メダカ」という名前の由来です
エラ
呼吸をするための器官。呼吸に合わせて開閉します

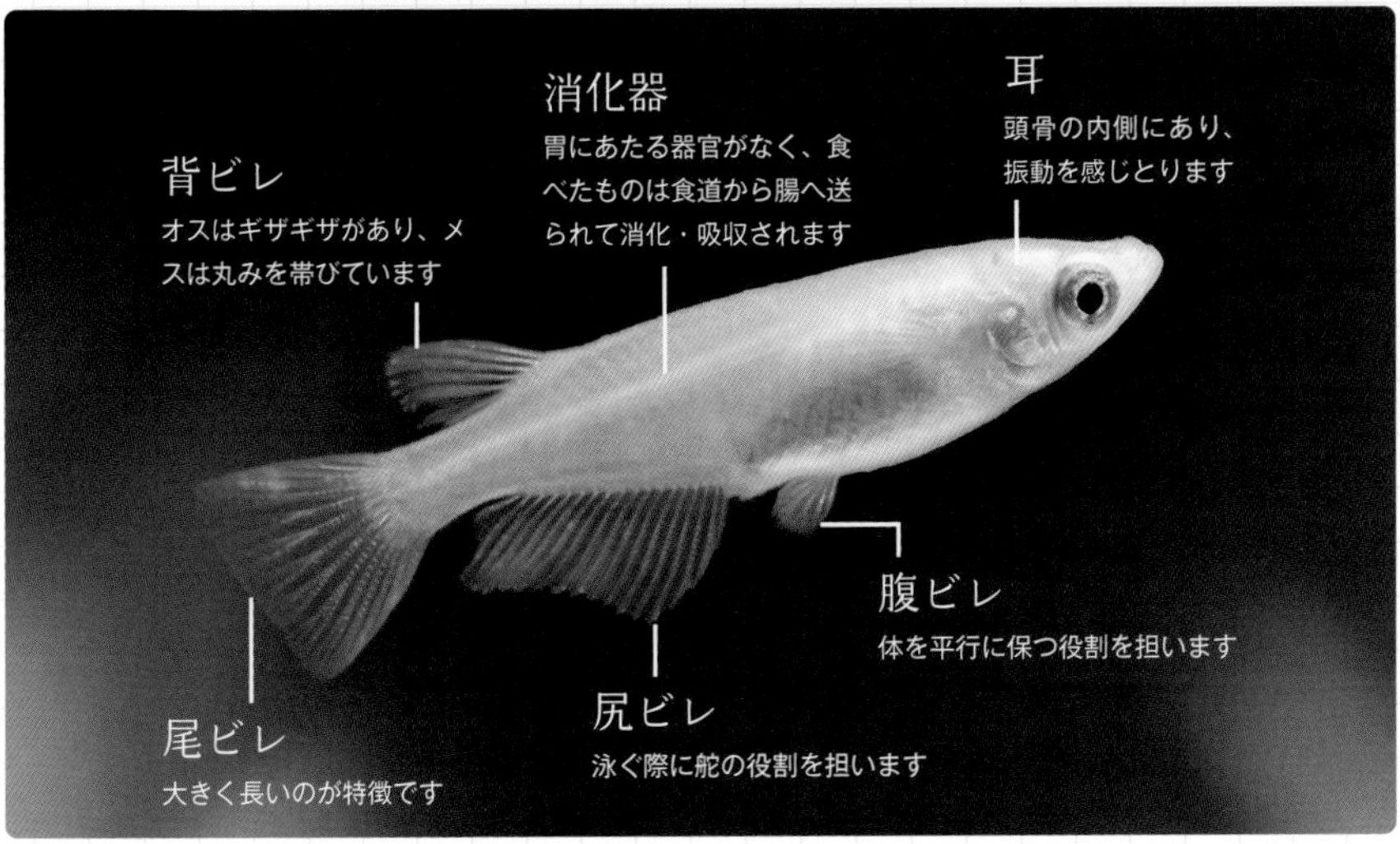

消化器
胃にあたる器官がなく、食べたものは食道から腸へ送られて消化・吸収されます
耳
頭骨の内側にあり、振動を感じとります
背ビレ
オスはギザギザがあり、メスは丸みを帯びています
腹ビレ
体を平行に保つ役割を担います
尻ビレ
泳ぐ際に舵の役割を担います
尾ビレ
大きく長いのが特徴です

Point

- メダカの体はシンプルなつくりをしている。
- 各器官の機能はとても優れている。
- オスとメスで体の特徴が異なる。

メダカの一日と一年

メダカはこんな毎日を過ごしている

水面近くで睡眠中のメダカ。目を開けたままでも、体は眠っている状態です。

●メダカも睡眠をとっている

メダカは毎日、太陽の動きに合わせて行動しています。朝、太陽が昇ると活動を開始し、群れになって泳ぎ回ったり、エサを食べたりします。繁殖行動を見せるのも朝の早い時間帯です。

日が傾きはじめると、メダカの行動も少しずつ鈍くなっていきます。そして日が沈んで暗くなった頃にはほとんど動かなくなり、水面もしくは水草の陰などで眠りにつきます。まぶたがないため、目を閉じることはありませんが、体をじっと休めて睡眠状態に入っているといわれています。

また自然界で生きている野生のメダカは、年間の生活サイクルが決まっています。

春と夏は活発に動く時期。気候が暖かくなるにつれてさかんに動くようになり、4月後半から9月くらいに繁殖を行います。そして気温が下がりはじめる秋には動きが鈍くなりはじめ、寒い冬になると落ち葉の下などに隠れて冬眠するのです。

メダカの生活

1日のサイクル

水面もしくは水草の陰などでじっと眠りにつきます

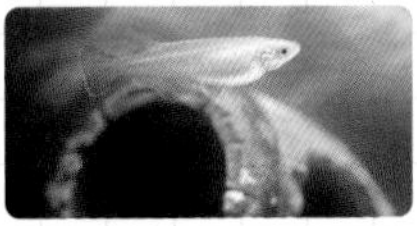
日が傾きはじめると少しずつ動きが鈍くなり、暗くなった頃には活動を停止します

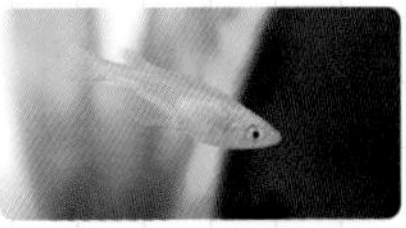
朝、太陽が昇る頃に活動を開始します。繁殖期には繁殖行動をみせます

群れになって泳ぎ回るなど、活発に動きます

1年のサイクル

寒い冬になると、ほとんど動きません。落ち葉の下などに隠れて、春まで冬眠します

繁殖期が終わり、気温が下がりはじめると、メダカの動きが鈍くなりはじめます

気候が暖かくなるとともに動きが活発になります。そして4月後半から繁殖行動がはじまり、メスは卵を産みます

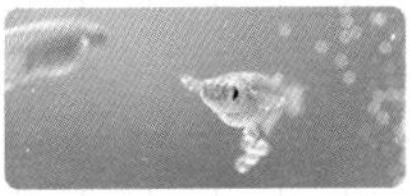
変わらず動きは活発。繁殖期も続いており、9月くらいまで交尾・産卵が行われます

Point

- メダカの1日のサイクルは太陽の動きとともに進んでいく。
- 目を閉じることはないが、睡眠をとる。
- 冬になるとじっと動かなくなり、春まで冬眠を続ける。

メダカのエサ

雑食性で、基本的になんでも食べる

食事中のメダカ。自分の口に入るものなら、なんでも食べてしまうのがメダカです。

●小さな口に入るものならなんでもOK

飼育下のメダカは、栄養バランスに優れた市販の人工飼料を与えられて生きています。では、自然界のメダカは何をエサにしているのかというと、口に入るものならば、基本的にどんなものでも食べます。つまり、メダカは雑食性の生き物ということです。

なかでも好んで食べるのは動物性プランクトン。たとえばミジンコのように、水中を漂っていたり、水面に浮いている生き物を好みます。とくにミジンコは栄養価が高く、その動きがメダカを刺激することもあり、飼育下でも活餌《いきえ》として与えている人が多いです。

ほかにミドリムシなどの植物性プランクトンも好物ですし、成魚になるとボウフラと呼ばれる蚊の幼虫や、水面に落ちた羽虫なども食べます。

なお、メダカは自然界の食物連鎖において下層に位置しているため、ナマズなどの魚食性の魚、ヤゴやタガメなどの肉食性の昆虫に食べられてしまう存在でもあります。

メダカは何を食べているのか？

自然界で食べるもの

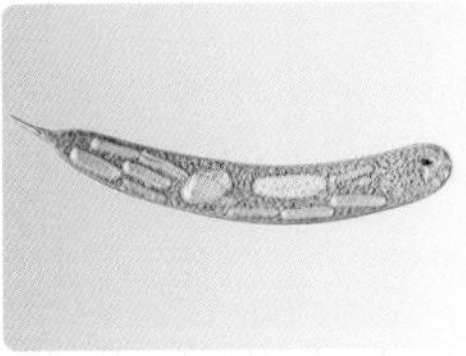

植物性プランクトン

ミドリムシなどの植物性プランクトンはメダカの好物のひとつです

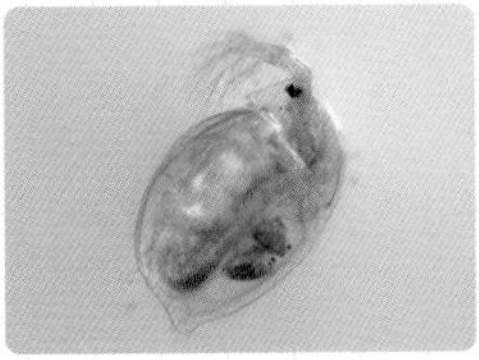

動物性プランクトン

ミジンコは栄養価が高く、水中を漂う動きがメダカを刺激します

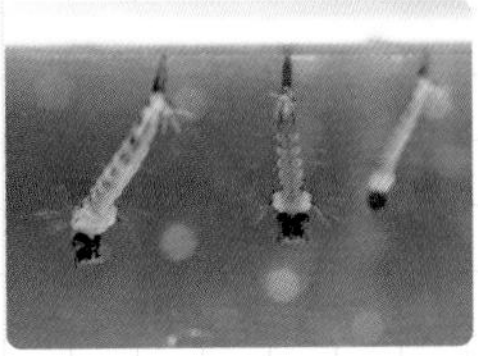

ボウフラ、羽虫など

蚊の幼虫のボウフラや落水した羽虫などは成魚がエサにします

飼育下で食べるもの

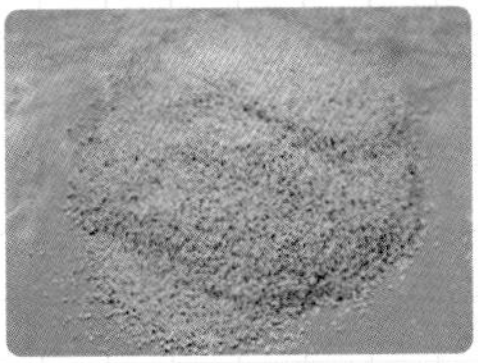

ドライフード

メダカを飼育する際のエサは、市販の人工飼料が一般的です

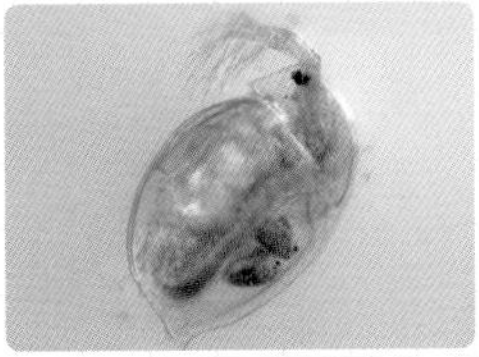

活餌

飼育下でもミジンコをはじめとする活餌を与えることがあります

エサやりのコツ

メダカがエサを食べ残すと、水質の悪化につながります。そこで一度に与える量を少なめ（たとえば5分で食べきれる量が目安）にし、複数回に分けて与えると、水が汚れにくくなります

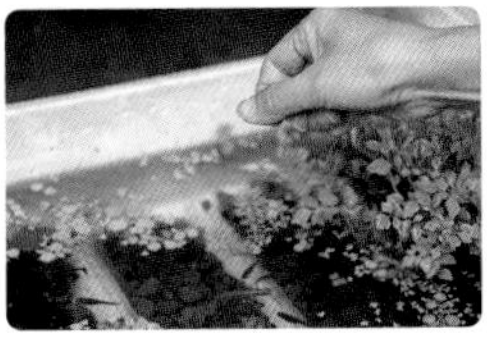

Point

- メダカは雑食性の魚なので、基本的になんでも食べる。
- 飼育下のメダカは人工飼料を食べて育つ。
- 自然界のメダカはプランクトンや小さな虫を食べている。

飼育の第一歩

最初に何を準備すればよいのか？

屋外飼育の水槽。メダカの飼育は比較的簡単です。

●メダカの飼育は難しくない

メダカは小さな魚ですが、意外と丈夫で、環境に適応する能力も低くありません。そのため、初心者でも飼いやすい魚だといえます。

メダカの飼育に最低限必要なものといえば、水槽などの容器、きれいな水、そしてエサくらいです。熱帯魚の場合、ヒーターやろ過器、エアレーションなどをそろえる必要があります。メダカの場合も、そうした器材をもっていると便利なことに間違いありませんが、なくても大丈夫です（繁殖を行う際には、必要な器材が増えます）。

飼育場所に関しても室内・屋外、どちらでもOK。飼い方は少し異なりますが、それほど大きな違いはなく、とくに難しいことはありません。

そして、メダカの飼育における魅力のひとつが、比較的簡単に繁殖させられることです。環境さえ整えば、メダカは定期的に卵を産み、何世代にもわたって、飼い主を楽しませてくれます。

メダカ飼育に最低限必要なもの

これさえあれば大丈夫

水槽(室内飼育用)

室内飼育の場合、ガラス水槽かプラスチック水槽が一般的です、観賞することを第一に考えるなら、プラスチックよりガラスがおすすめです。少し大きめのガラスコップでも飼うことができます

水槽(屋外飼育用)

屋外飼育の場合、プラスチック容器やトロ舟を選ぶ人が多いです

水

水道水を使います。ただし、蛇口から出した水をすぐに使うのはNG。太陽光にしばらく当てるなどして、カルキ(塩素)を抜いてから使います

エサ

ペットショップなどで売られている人工飼料。さまざまなエサが販売されており、最初は迷ってしまうかもしれません。わからないことは店員に相談してみるとよいでしょう

あると便利なもの

水温計

水槽内の水温を測ります。メダカの健康管理に役立ちます

網

メダカを移したり、水槽内のゴミを取るときに使います

ヒーター

メダカ飼育の場合、基本的に加温する必要はありませんが、繁殖を行うときに使うことがあります

照明器具

室内飼育の場合、光量が不足しがちですが、ライトをつければ日照時間を確保することができます

ろ過器

フィルターともいい、水のゴミを取り除いたり、有害な物質を毒性の少ない物質に変えることができます

エアレーション

水槽内に酸素を送り込みます。飼育数が多いときには必須の道具です

水換え用ポンプ

水槽が汚れたとき、水換えする作業がラクになります

Point

- メダカは環境適応能力が高く、意外に丈夫な魚である。
- 最低限、水槽、水、エサをそろえれば、メダカは飼育可能。
- 熱帯魚よりメダカを飼うほうが難易度は低い。

入手方法

愛しいメダカをどうやって手に入れる？

自然の豊かな地域に住んでいるなら、自分でメダカを捕まえる手もあります。

●店で購入するか、自分で捕まえるか

メダカを飼うと決め、水槽などの準備を整えたら、いよいよメダカを探します。手っ取り早いのは、ペットショップやアクアショップ、最近増えているメダカの専門店などで購入する方法です。あるいは、ネット通販を利用することもできます。

そうした店舗で購入する際には、健康で元気な個体を選ぶようにし、店員から飼育するときの注意点などを聞いておくとよいでしょう。なじみの客になれば、いろいろなアドバイスを得られるかもしれません。

自然の豊かな地域に住んでいるなら、近くの池沼や小川、田んぼなどで野生のメダカを捕まえるのがよいでしょう。1999年に絶滅危惧Ⅱ種に指定されたことからわかるように、近年、メダカの数は減少していますが、必要以上に捕りすぎなければ深刻な問題にはなりません。

水辺に静かに近づき、体を傷つけないように網でそっとすくったら、その場の水と一緒に持ち帰ってください。

メダカの入手方法

購入するなら……

ペットショップやアクアショップ

熱帯魚とともにメダカを販売している店は多いです。ホームセンターなどでも売っています

メダカ専門店

メダカを専門に扱う店。ブリーダーを兼ねている店なら、知識が豊富で頼りになるでしょう

ネット通販

メダカを扱う通販サイトも増えてきました。対面販売とともに運営していることもあります

購入時の注意点

水槽の前でよく観察することがポイント。体に傷などがなく、元気に泳いでいる健康な個体を選びましょう

自力で捕まえるなら……

池沼や小川、田んぼ

野生のメダカは池沼や小川、田んぼなどの水の流れが緩やかな場所でよく見られます

採取時の注意点

水辺に静かに近づき、メダカの体を傷つけないように網ですくい、その場の水と一緒にビニール袋などに入れて持ち帰ります

Point

- メダカは店で購入するか、自分で捕まえるかする。
- 店で購入する場合は、よく観察して健康なメダカを選ぶ。
- 野生のメダカは採取した場所の水と一緒に持ち帰る。

水槽のセッティング

容器に水を入れ、底砂を敷いて水草を植える

飼育用の水槽は、どんなレイアウトにするかを考えるだけでも楽しいものです。

●室内で飼うか、屋外で飼うか

手に入れたメダカは、飼育容器に入れて飼うことになります。室内飼育の場合、通常は水槽を用います。水槽はプラスチック製、ガラス製、あるいは小型の金魚鉢でもかまいませんが、メダカの数と容器の大きさに関しては気を遣ってください。一般にメダカ1匹に水1ℓが必要とされており、過密状態で飼育すると、メダカにストレスがかかり、病気の原因になったりするからです。屋外飼育の場合、プラスチック容器やトロ舟などを使うことが多いです。

飼育容器の準備ができたら、水を入れます。水は、水道水がおすすめです。水道水には細菌や不純物を除去するためのカルキ（塩素）が含まれています。このカルキはメダカにとって有毒なので、そのまま入れてはいけません。バケツにくんだ状態でしばらく置いておき、カルキが抜けたら水槽に入れましょう（64ページ参照）。

水槽には水草や底砂を入れると、見た目に美しく、楽しく観賞できるようになります。

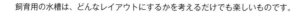

水槽レイアウトの例

飼育容器のサイズとメダカの数の目安

飼育容器のサイズと水量	メダカの数
30cm 水槽（Sサイズ・12ℓ）	4〜8匹
36cm 水槽（Mサイズ・18ℓ）	6〜12匹
40cm 水槽（Lサイズ・23ℓ）	8〜16匹
45cm 水槽（35ℓ）	12〜24匹
60cm 水槽（56ℓ）	19〜38匹

水槽

観賞に適しているのはガラス製の水槽です。そのサイズに対するメダカの数に気をつけて、飼育容器を選びましょう

置き場所

少しの振動で揺れたりしないような安定した場所に置きます

ライト

室内飼育の場合は、ライトがあると便利です。メダカは日照時間の長さで時間や季節を感じる生き物なので、毎日決まった時間に点灯・消灯するようにします。水草の育成にも光が必要になります

底砂

底に砂を敷くと自然の雰囲気が醸し出されますし、底砂に棲みつくバクテリアが水の汚れを分解してくれます。きれいに水洗いしたものを、最大5cmくらいを目安に敷き詰めてください。石を入れるときも、水洗いを忘れずに

水

水中で暮らすメダカにとって、水質は極めて重要です。メダカ飼育に最適な水は、カルキ（塩素）で殺菌された水道水。バケツにくんだ状態で1日くらい置いておき、カルキが抜けたら水槽に入れます

水草

見た目の美しさだけでなく、水中で光合成を行い、酸素を供給したり、水質を浄化してくれるメリットもあります。購入したものは有害物質が付着していることがあるので、よく洗ってから入れましょう

Point

- ☑ 飼育容器を選ぶ際は、「メダカ1匹に水1ℓ」を目安に考える。
- ☑ 水はカルキ抜きした水道水が最適である。
- ☑ 水草や底砂は水槽に入れる前にきれいに洗う。

プラスα

水草図鑑

インテリアとして水槽内を彩るだけでなく、メダカの隠れ家として、あるいは酸素供給や水質浄化をもたらすアイテムとしても役立つ水草。最近は種類も増え、選択肢が広がりましたが、ここでは定番の数種を紹介します。

ウィローモス

定番の水草。正確には「草」ではなく「コケ」の一種。石などに付着します

アナカリス

メダカ飼育では1、2を争う人気の水草。オオカナダモとも呼ばれます

マツモ

アナカリスと同じくらいの人気を誇る水草。安くて丈夫です

カボンバ

水質浄化の効果が高く、枯れてもすぐに新芽を出します

グロッソスティグマ

枝を分けながら増えていき、水底を覆って「緑の絨毯」をつくってくれます

アマゾンフロッグピット

丸い葉が印象的な浮き草。やはり屋外飼育向きの多年草です

ホテイアオイ

屋外飼育に向いている浮き草。浮かべておくだけで育ちます

サンショウモ

ハート型の葉がかわいらしく、初夏に白い花を咲かせます

スイレン

水面に浮かぶように花を咲かせ、メダカの日除けにもなります

プラスα

水槽のレイアウト

卵や稚魚の時期はいろいろと制約があって難しいですが、成魚になったら、水槽のレイアウトにこだわりたいところです。水槽の形、水草、底砂、石、照明……。自分だけのレイアウトを工夫して、メダカ観賞をより楽しいものにしましょう。

オーソドックスなレイアウト。水草の鮮やかなグリーンに、シロメダカの白色が映えます

大きめの石をたくさん入れて、ダイナミックな雰囲気を演出しました

屋外飼育なら水瓶で飼うのも乙なもの。
日除けのすだれと相まって懐かしい感じがします

ガラスのコップを水槽にして
洒脱な雰囲気を演出しました

小さなガラス瓶に水草を
敷いて石を置きました。
まるで盆栽のような空間です

金魚鉢に水草を敷きつめ、
黄色いヒメダカを入れました

水換えと掃除

水槽内の環境をきれいに保ち、メダカの健康を守る

水槽の水は食べ残し、排泄物などで汚れ、そのうちにおいも出てきます。

●水や水槽の汚れは健康の敵

メダカを飼っていると、エサの食べ残しや排泄物によって、水や水槽が汚れます。そのままにしておくと、メダカが健康を損ねる原因になるので掃除しなければいけません。

水の汚れに関しては、10日に1回くらいを目安に水換えをします。ポイントは、一度に全部の水を換えないこと。一気に全部換えると、メダカが水質の変化についていけず、体調を崩す恐れがあります。ポンプなどを使って半分くらいの水を抜き、カルキ抜き（64ページ参照）を済ませた新しい水を足すようにすると、ストレスが軽減されます。

水槽の汚れに関しては、食べ残しの処理やコケ掃除がメイン。コケはそのままにしておくと、どんどん増えてしまうので、市販のスクレーバーなどを使って落としましょう。コケをエサにするタニシやミナミヌマエビなどをメダカと共生させることで、水をきれいに保つ方法もあります。

そのほか、水草や浮き草を入れている場合は、伸びすぎたり、枯れたりした部分をカットするようにしましょう。

水換え・掃除のしかた

水は半分だけ入れ換える

❶

一度に全部入れ換えるのではなく、ポンプなどを使って半分くらいの水を抜きます

❷

カルキ抜きを済ませた新しい水を用意しておき、ゆっくりと静かに入れます

掃除は食べ残しとコケの処理を中心に

食べ残しはスポイトやティッシュペーパーでこまめに取り除きます。コケ落としにはスクレーバーやスポンジを使います。メダカを水槽の外に避難させずに掃除する場合は、静かにこすってメダカを刺激しないようにします。避難させて水槽を丸ごと洗う場合は、メダカにとって害になる洗剤を使わず、水道水のみで洗ってください。掃除後は、すぐにメダカを戻さず、水合わせをしてから移しましょう

column

コケの掃除屋を一緒に飼う

タニシやミナミヌマエビなどは、コケやメダカが食べ残したエサを食べてくれます。メダカと一緒に水槽に入れても害を与えることはないので、それらをメダカと共生させると水質をきれいに保つことができます。

Point

- ☑ 10日に1回くらいは、水槽の水換えを行う。
- ☑ 水換えは半分くらいずつ入れ換える。
- ☑ 掃除は食べ残しやコケの処理を中心に行う。

毎日のルーティン

メダカを飼っていると、メダカが気になってしかたなくなります。

朝・昼・夜、どんな世話をするのか？

●朝起きたらすぐ水槽チェック

メダカのいる生活は楽しいものですが、当然、飼い主には責任がともないます。日々の世話を怠ってはいけません。朝起きたら、まず水槽のなかのメダカの様子をチェックしましょう。元気がなかったり、病気の兆候があるメダカがいなければ、エサをあげます。食べ方を見ながら少しずつ与えてください。5分で食べきれる量を、1日2回くらいのペースであげるイメージです。水が蒸発して少なくなっているときには、水を足してあげましょう。

昼間は、晴天の日には水槽の掃除などをしてもよいでしょう。屋外飼育ならば、水槽を午前中だけでも日当たりのよい場所に置いてあげます（夏場は除く）。

そして夕方頃に再びエサをあげます。室内飼育の場合は夜遅くまで照明に当てず、できれば布をかけるなどして暗く静かな環境をつくってあげてください。

人間の生活リズムに付き合わせるのではなく、自然に近づけてあげるのがベターです。

メダカ生活のルーティン

朝

メダカの様子をチェック

元気に泳いでいるか、病気の兆候がないかを確認し、エサを与えます

昼

水槽の掃除などをする

晴れていれば、水槽の掃除などをします

夜

静かな環境をつくる

夕方頃に再びエサをあげ、布をかけるなどして暗く静かな環境をつくります

Point

- ☑ 朝イチでメダカをチェックする習慣をつける。
- ☑ 夜遅くまで照明を当て続けたりしないようにする。
- ☑ メダカの生活リズムをできるだけ自然に近づけてあげる。

季節の注意点

夏場のメダカたち。季節の移り変わりにともない、メダカの飼育も変わってきます。

春・夏・秋・冬、それぞれの時期に気をつけること

●気温と水温の変化に注意する

日本には豊かな四季があります。最近は異常気象で季節の色が薄くなってきている気もしますが、春・夏・秋・冬で気温が異なります。そのため、メダカの飼育に関しても季節ごとに注意点が違ってきます。

春は昼夜の水温差が大きく、メダカが体調を崩しがち。病気になりやすいので気をつけましょう。エサの量はやや控えめにしたほうが、水質の悪化防止につながります。

夏は日中に水温が上昇し、食べ残しで水質が悪化しやすくなります。エサは与えすぎないようにし、水換えを1週間に1回くらいのペースで行います。また夏は繁殖活動の真っ只中なので、卵を探すのが日課になります。

秋は春と同じく昼夜の水温差によるメダカの体調不良に気をつけてください。

冬は水温が下がるため、メダカの活動量は極端に落ちます。ヒーターを利用していなければ、エサもあまり食べなくなるので無理に与えず、水換えも控えましょう。

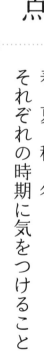

季節の特徴と注意点

春

病気になりがちな季節

3月に入った頃から少しずつ暖かくなりますが、昼夜の水温差が大きく、メダカが体調を崩しがちです

▼

エサの量はやや控えめに。水温が10℃以下のときは与えなくてOKです。5月に入った頃、水温が20℃を超えたら水槽を掃除してください。こうして水質の悪化を防ぎ、病気を予防します

夏

水温上昇に気をつける

夏場は室内飼育であっても、エアコンをつけないと水温が上昇します。また、エサの食べ残しで水質が悪化しやすい時期でもあります

▼

エサは春より多めにしますが、少しの食べ残しでも腐りやすいので、掃除や水換えの頻度を増やします。屋外飼育の場合は、とくに水温上昇に注意。水温が33℃以上になると、メダカの体調が悪くなるので、水槽を日陰に移すなどして対処します

秋

昼夜の水温差が危険

10月あたりから水温が下がりはじめ、昼夜の水温差が大きくなります。台風なども発生するので、屋外飼育は注意が必要です

▼

昼夜の水温差によるメダカの体調不良に注意。水温が20℃以下のときはエサの量を少なめにします。また、冬になる前に水槽の大掃除を済ませておくとよいでしょう。屋外飼育は天気予報を欠かさずチェックし、台風に備えてください

冬

あまり活動しない時期

11月に入った頃から水温が下がりはじめ、11月下旬以降はメダカの活動量は極端に落ち、12月中には冬眠に入ります。少しの刺激がメダカのストレスになります。

▼

メダカがあまり動かなくなったら、エサはごく少量にします。冬眠中（12月～3月）はエサをあげなくて大丈夫です。水換えも控えるなど、なるべくメダカに刺激を与えないように気をつけてください

Point

- ☑ 春・夏・秋・冬の気温、水温変化に気をつける。
- ☑ 季節ごとにエサの量を調整する。
- ☑ 冬場はできるだけメダカを刺激しないようにする。

気になるQ&A

Q メダカは世界に何種類くらいいるの？

A 36種類といわれています。

日本原産のニホンメダカをはじめ、世界で36種類のメダカの仲間の生息が確認されています。最小は全長約1.5cmのタイメダカ、最大は全長約19cmのポップタエメダカといわれています。また、日本にはニホンメダカをルーツとする改良品種が700種以上存在しています。

Q メダカの飼育にはどれくらいお金がかかる？

A 初期費用は5,000円くらいになります。

メダカの購入費、水槽代やエサ代など最低限必要な道具類を合わせて2,000～3,000円、電気代が1ヶ月2,000円とすると、初期費用は5,000円くらいになるでしょうか。それに照明器具やエアレーションなどを合わせても、1万円くらいあれば間に合いそうです。その後、エサ代や電気代が毎月発生することになります。

Q 室内で飼うのと外で飼うのでは、どちらがおすすめ？

A どちらにもメリットがあります。

室内飼育ならば、水槽のなかを泳ぎ回るメダカをいつでも見ることができるので、「観賞」を第一とするなら室内で飼うほうがよいでしょう。もちろん、屋外飼育でもメダカ観賞を楽しむことはできます。また、太陽光を浴びることで、メダカが病気になりにくいメリットもあります。ただし、夏の水温上昇や雨・台風対策など、気を遣うことが多いのも事実です。

Q メダカを飼ったら旅行に行けなくなる？
A 1週間くらい留守にするのは平気です。

旅行などで留守にする際のエサやりは、多くの飼い主が直面する問題です。メダカは1週間くらいなら、エサを与えなくても大丈夫です。大量にエサを与えて家を出る、というのはNGです。食べきれなかったエサが腐って水質を悪化させ、メダカの健康状態に影響するからです。1週間以上留守にするなら、自動給餌器を導入する、ミジンコなどの活餌を入れる（108ページ参照）、グリーンウォーターを使う（112ページ参照）といった方法を検討しましょう。

Q 冬眠中のメダカはどうなっているの？
A じっと春を待っています。

水温が一定に調整された水槽で飼育されているメダカには関係ありませんが、屋外で飼育されているメダカは、冬になって水温が10℃を下回るとじっと動かず、エサもあまり食べず、目は閉じませんが、冬眠します。エラとヒレは動いています。水が完全に凍結すると死んでしまいますが、水面が凍結するくらいなら問題ありません。越冬するメダカをあたたかく見守ってあげてください。

Q メダカ飼育でよくある失敗を教えて！
A いろいろな失敗が起こりえます。

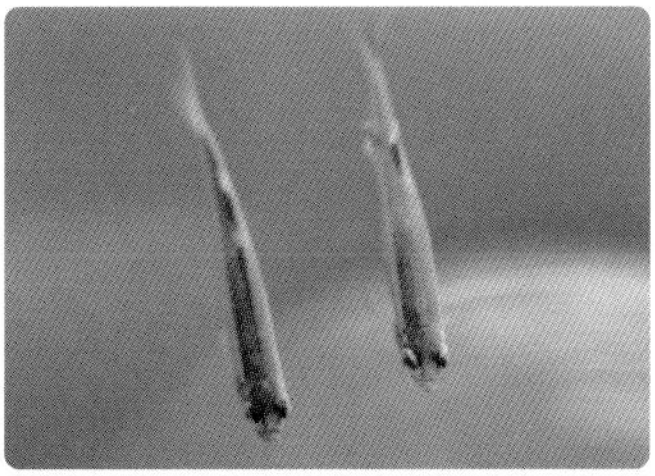

メダカに限らず、生き物を飼育していると予測不能なことが起こって、かわいいメダカを死なせてしまうこともありえます。メダカの飼育でありがちなのは、エサを与えすぎて水質を悪くする、水換えを怠る、メダカを増やしすぎて過密状態になってしまうといった失敗が挙げられます。

1章

繁殖の準備

メダカを繁殖させるためには、最初の準備が大切です。大人のメダカになるまでにどのくらいの時間がかかり、どんな経緯をたどるのかを理解したら、水槽などの道具をそろえ、飼育環境を整えていきます。

繁殖前の心得

好き放題に増やしすぎないように！

●メダカの繁殖は簡単だけれど……

　自宅で飼育しているメダカを増やす――。それはメダカ飼育の楽しみのひとつです。初心者にとってはハードルが高いように思えるかもしれませんが、実はメダカを繁殖させることは、それほど難しくありません。条件さえ整えれば、メスが卵を産み、稚魚《ちぎょ》が増えていきます。

　しかし、だからこそ、繁殖させる前によく考える必要があります。なんとなく増やし続けていると、世話をしきれなくなってしまうことがあるからです。飼育しきれなくなったら自然に還せばよいのでは……といった考えはもってのほか。さまざまな色や形の遺伝子が混じった市販の改良メダカを近所の川や池、田んぼなどに放流すると、生態系を乱してしまう恐れがあります。

　増やしたメダカを飼育する水槽を用意できるか（1ℓの水にメダカ1匹が基本）、飼育スペースは十分に確保されているか、エサ代などの費用・世話の負担増は問題ないかといったことを考えたうえで、繁殖させましょう。

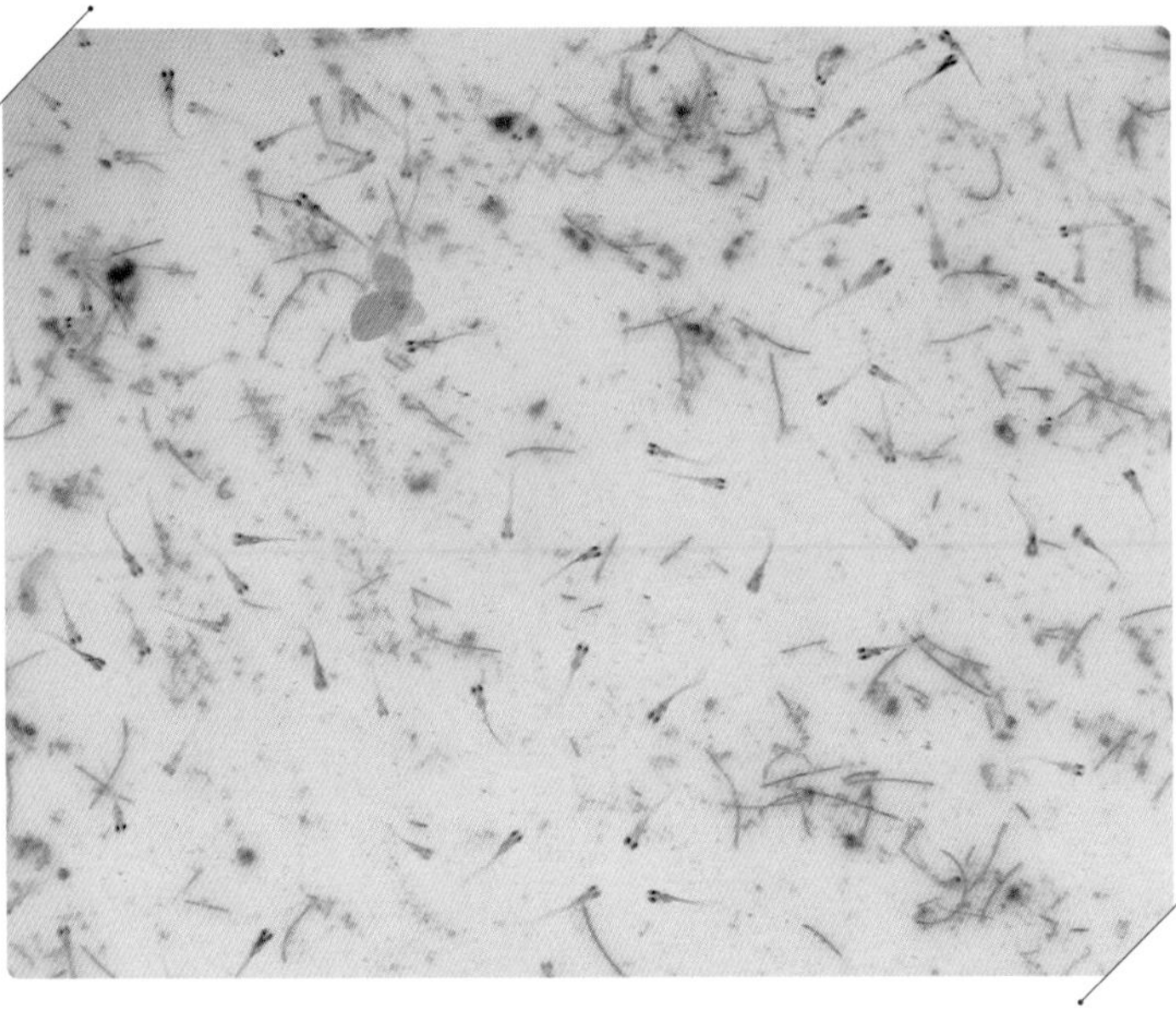

フ化後まもないメダカの稚魚たち。メダカはどんどん増えていきます！

繁殖前のチェック事項

水槽をどれくらい用意できる？

エサ代などの費用を工面できる？

きちんと世話することができる？

ココ失敗しがち!

稚魚が増えすぎて世話が追いつかない……。そんな状況になっても、近くの川や池、田んぼなどに放流してはいけません。生態系を乱すような行為は絶対にやめましょう

自然環境

原種

ミナミメダカ

＋

改良品種

紅白ラメメダカ

↓

交配すると、両者の遺伝子を受け継ぐ交雑メダカになってしまう！

❶ 原種と改良品種が交配して交雑メダカが生まれる

↓

❷ 交雑メダカが増えていき、長年日本に生息してきた原種が減ってしまう

↓

❸ 原種が絶滅の危機に陥る。放流前の環境を回復するのは極めて困難。すでに社会問題化している

Point

- メダカは観賞魚のなかでも繁殖させやすい。
- 自分で世話できる範囲内で繁殖させるようにする。
- 増やしすぎたからといって、自然に放流するのは絶対ダメ！

繁殖の時期

生まれて3ヶ月ほどすると、繁殖可能になる

飼育下のメダカの寿命は2～3年。なかには4～5年生き、体長4㎝以上になるものも。

●飼育下でのメダカの寿命は2～3年

メダカの寿命は、自然界で暮らすものと、飼育下で暮らすものとで差があり、前者は1年～1年半、後者は2～3年といわれています。外敵がおらず、エサに不自由しない環境で生活しているメダカのほうが、長生きできるということです。長寿のメダカとしては、なんと5年も生きた記録が残されています。

では、メダカの繁殖作業をはじめる前に、ここで彼らの一生を見てみましょう。

卵からフ化するまでの期間は、10日～2週間ほどです。無事に生まれた稚魚は、非常に小さく繊細な「針子《はりこ》」と呼ばれる時期を経て、次第に成長。早いものは1ヶ月ほどで成魚の半分ほどのサイズになります。

そして生後3ヶ月ほどすると、もう成魚とほとんど同じ姿になります。この頃には生殖も可能になり、繁殖行動をとる個体も出てきます。成魚のメスは条件さえ合えば産卵でき、3ヶ月～2年くらいが繁殖期といわれています。

メダカの生涯

卵

水草や産卵床に産みつけられ、10日～2週間ほどでフ化します

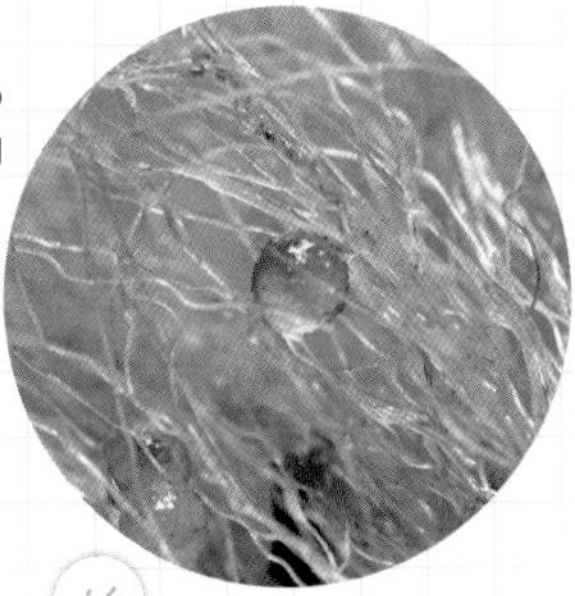

成魚

フ化後3ヶ月くらいで成魚に。およそ2～3年の生涯を過ごします

メダカは短い生涯を命いっぱい生きている！

稚魚(針子)

フ化後2週間くらいまでの稚魚を針子といいます。体長は4～5㎜ほど

稚魚(幼魚)

フ化後3ヶ月くらいまでが幼魚。3ヶ月経つと親と同じような姿に

column

メダカを長生きさせるには？

メダカは室内飼育で早く育ったものに比べ、屋外でゆっくり育ったもののほうが長生きする傾向にあります。室内飼育では常に活動しているため、寿命が早くやってきます。一方、屋外飼育では1年のうち4ヶ月ほど活動せずに冬眠を続け、時間だけが過ぎる期間（冬季）があり、その期間はメダカは歳をとりません。また、エサに関しては栄養価が極端に高いものは控えます。消化不良や内臓疾患などの原因となり、やがて死につながることもあるからです。

Point

- メダカは飼育下の環境だと2～3年生きることができます。
- およそ3ヶ月で成魚になります。
- 繁殖はフ化後3ヶ月以上経過すると可能となります。

産卵条件

繁殖行動が盛んになる条件がある

水温が20～25℃、日照時間が13時間程度の時期が産卵期になります。

●水温と日照時間がカギになる

自然界では、メダカの産卵シーズンが決まっています。気候が暖かくなるにつれて動きが活発になり、春から夏、つまり4月後半から9月くらいに繁殖を行います。飼育下で繁殖させる場合も、これと同じようなサイクルにするのが望ましいといえるでしょうが、環境を整えれば季節に関係なく、一年中繁殖させることも可能です。

では、メダカの産卵にどのような環境が必要になるのでしょうか。そのカギは水温と日照時間です。

水温については、20～25℃が繁殖に適した温度とされ、それくらいの水温が保たれていれば、繁殖行動が盛んになります。逆に水温が低すぎたり高すぎたりすると、メダカの活動も鈍くなり、産卵数も減ります。

日照時間は1日13時間程度が必要とされています。水槽の設置場所は、日当たりのよい場所を選ぶのが賢明です。

現在では、ヒーターや蛍光灯などを利用することにより、こうした環境を人工的に確保できるようになっています。

産卵に必要な2つの条件

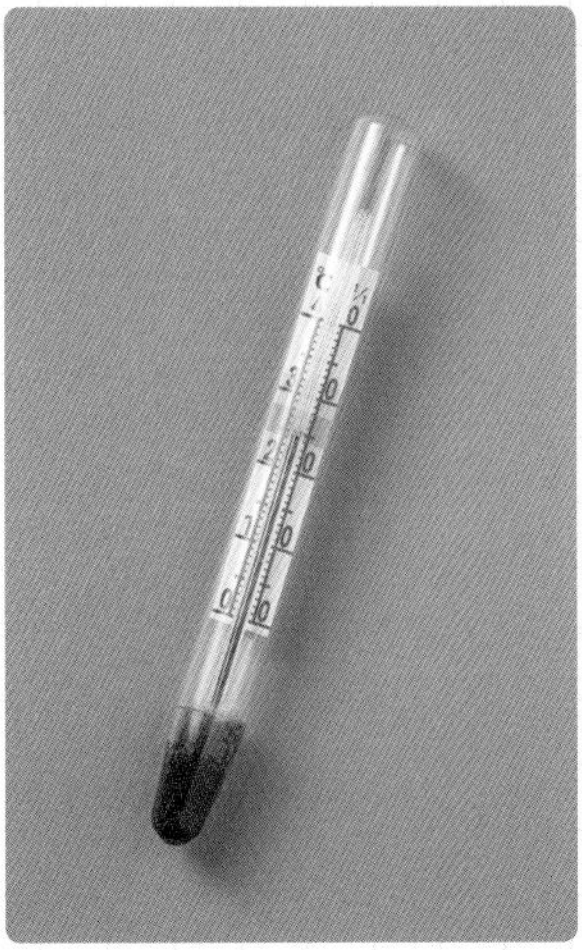

❶水温

メダカが産卵をはじめるのは水温が18℃以上になってからで、20～25℃が適温とされています。室内飼育であれば、ヒーターなどで水温を適温に維持してください

❷日照時間

メダカの産卵には13時間程度の日照時間が必要です。光源は太陽光で大丈夫ですので、水槽を日当たりのよい場所に置くようにしましょう（夏は直射日光による水温上昇に要注意）

column

年中繁殖も可能だけれど……

野生のメダカがよく産卵するのは4月後半～9月頃ですが、ヒーターや蛍光灯などを利用すれば、季節にかかわらず、一年中メダカを増やすことができます。加温飼育下のメダカは寒い時期でも冬眠することなく元気に動いており、繁殖行動をみせてくれます。とはいえ、やはり季節のサイクルに従って繁殖させるのが自然ともいえるでしょう。それが本来のバイオリズムと合っています。また、1匹のメスが連続で産卵するのは5ヶ月程度で、それ以上は産みません。

昼の時間が短い季節はどうする？

照明器具で補助する

昼間の時間が短い季節には、日が沈んだら蛍光灯やLEDライトなどを利用して必要な日照時間を確保してください

Point

- 水温20～25℃、日照時間13時間程度がメダカの産卵条件。
- ヒーターや蛍光灯などで条件を整えることもできる。
- 繁殖は、できれば季節のサイクルに合わせたほうがよい。

オス・メスの見分け方

尻ビレと背ビレを見れば、オスとメスが一目瞭然

メダカのつがい。オスとメスの体の違いを覚えておきましょう。

自分で見分けられるようになろう

メダカの繁殖を行うためには、オスとメスを用意しなければいけません。ペットショップなどで購入すれば、ペアで手に入れることができますが、自分でも判別できるようにしたほうが何かと便利です。

メダカのオス・メスを判別するときのポイントは、尻ビレと背ビレです。オスの尻ビレが長くて四角形をしており、メスに比べて大きく長いのに対し、メスの尻ビレは小さく細い三角形に近い形をしています。背ビレはどうかというと、オスはギザギザで付け根に切れ込みが入っているのに対し、メスは丸みを帯びていて小さいです。さらに、メスは腹部がはっきりしている、体全体がひとまわり大きいといった特徴も見受けられます。

生まれてまもない針子の頃は、オス・メスの身体的特徴を判別するのは容易ではありません。しかし、フ化後2ヶ月くらい経ち、体長2.5㎝程度に成長すると、オス・メスの体の特徴がはっきりしてきてわかりやすくなります。

オス・メスの判別ポイント

オス

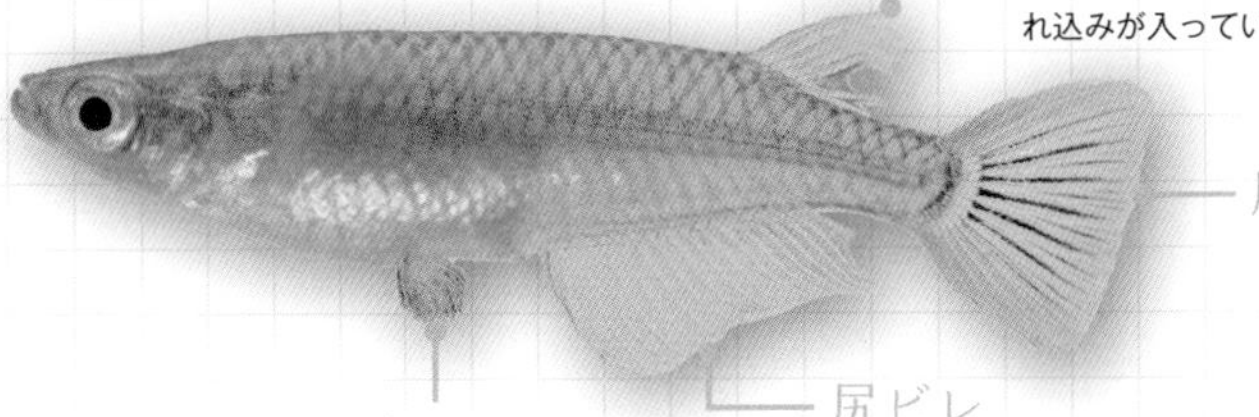

背ビレ

背ビレがギザギザで、付け根に切れ込みが入っている

尾ビレ

腹ビレ

尻ビレ

尻ビレが大きくて長く、四角形をしている

メス

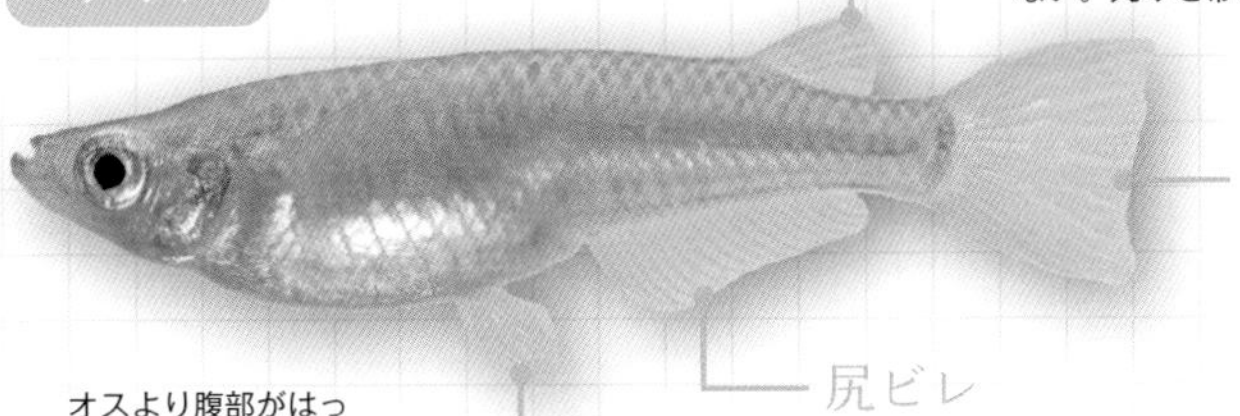

背ビレ

背ビレにオスのような切れ込みがない。丸みを帯びていて小さい

尾ビレ

オスより腹部がはっきりしている。体全体がオスより大きい

腹ビレ

尻ビレ

尻ビレが小さくて細く、三角形に近い形をしている

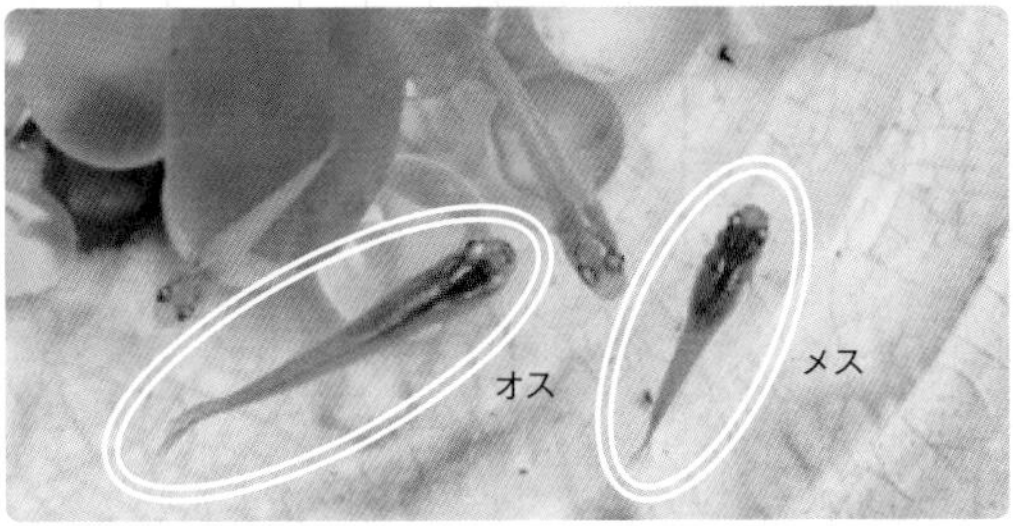

上からも判別できる

メダカを上から見たとき（上見）は、口の形でオス・メスを判別できることがあります。オスの口は横にまっすぐなのに対し、メスの口はやや突き出て丸みを帯びています

Point

- メダカの性別はフ化後2ヶ月くらいからはっきりしてくる。
- 尻ビレと背ビレを見ると、オスかメスかを判別できる。
- 上から見ても、オス・メスの判別は可能である。

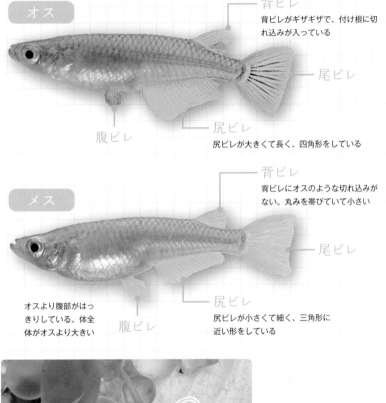

種親の健康チェック

繁殖にふさわしいかどうかを的確に見分ける

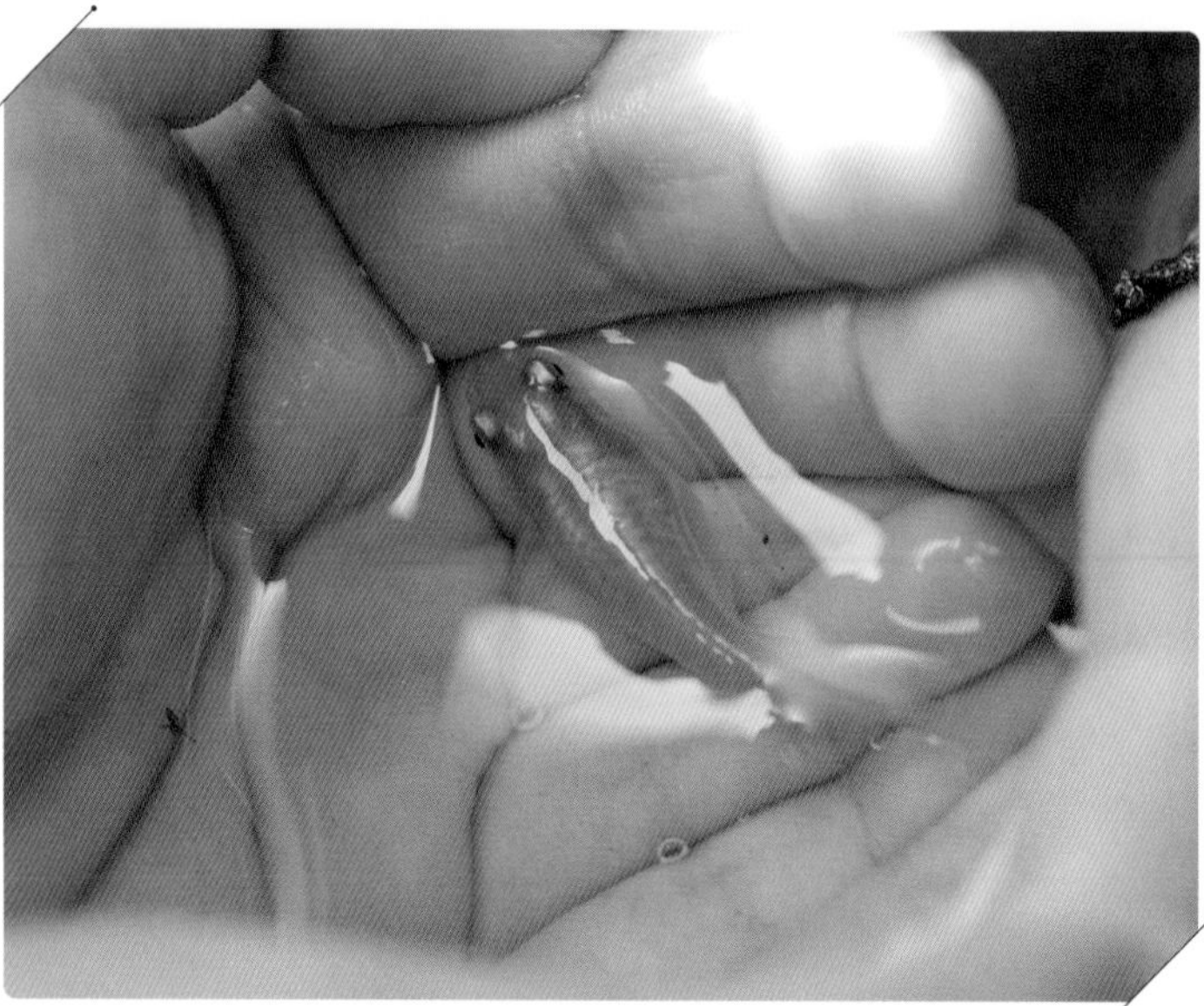

子メダカの健康は親メダカ次第なところもあります。種親は慎重に選びましょう。

●元気でふっくらした種親を選ぶ

オス・メスの判別ができるようになったら、できるだけ健康そうな個体を種親として選びましょう。不健康な親から生まれた子は、長生きできず早くに死んでしまうケースが多いからです。

目で見てすぐにわかるのは、元気に泳いでいるかどうかという点。泳ぎ回っているのは体力がある証拠です。水底でじっとしていて、なかなか動かないメダカよりは、水槽内で元気に泳いでいるメダカを選びましょう。

また、やせたメダカよりも、ややふっくらしているメダカのほうが種親としてふさわしいといえます。とくにやせたメスは、エネルギーを卵にまわす余裕がありません。エサをよく食べることが健康のバロメーターです。

さらに、背骨が曲がっていないか、ヒレやウロコに傷がないか、そして病気にかかっていないかなどを確認します。メダカもいろいろな病気に罹患《りかん》するので、「怪しいな」と思ったら交配させないほうがベターです。

ココで健康状態を判断する

**上から観察する「上見」と横から観察する「横見」。
それぞれの角度からチェックし、種親となるメダカを選びましょう**

❶元気さ

水槽の底でじっと動かないメダカより、泳ぎ回っているものを選びます

❷体型

やせたメダカより、ややふっくら気味のメダカがよいです

❸背骨

骨曲がりがなく、頭から尾ビレにかけてまっすぐな背骨が理想です

❹ヒレ

ヒレ先が切れていたり、付け根が曲がっていたりするものは省きましょう

上見

横見

❺ウロコ·体色

傷がないもの、体色があざやかなものを選びます

❻頭部

頭部は凸凹していないかをチェックしてください

❼品種の特徴

その品種の形質の特徴がよく出ているメダカを選びます

❽病気の有無

体に白い斑点がついているなど、病気の兆候が見られるものは省きましょう

Point

- メダカの繁殖は、種親選びがとても重要になる。
- できるだけ健康なメダカを種親にする。
- 上からだけでなく、横からも見て健康状態をチェックする。

プラスα

メダカがかかりやすい病気

一般的な観賞魚のなかで、メダカは比較的丈夫な魚といえます。それでも病気になることがあるので、繁殖を試みる際には種親候補のメダカの病気の有無を確認しなければいけません。ここではメダカがよく罹患する病気を紹介します。

水カビ病

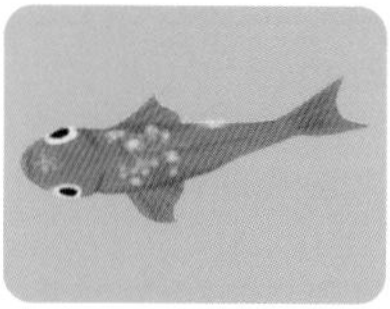

症状	体表に白い綿のようなカビが現れ、次第に広がっていきます
原因	体表の傷口から水カビ菌が入って感染します
治療・予防	グリーンFなどの市販の薬を使って薬浴させるか、塩水浴させます。水質が悪化しないように心がけ、傷ができないようにメダカを健康に保ちます

白点《はくてん》病

症状	体表に1㎜ほどの白点が現れ、次第に増えていきます
原因	ウオノカイセンチュウという寄生虫がつくことで感染します
治療・予防	別の水槽に隔離し、グリーンFなどの市販の薬を使って薬浴させます。水温を上げて塩水浴させると回復が早くなります

尾《お》腐《ぐさ》れ病

症状	尾ビレの先端が溶けていき、ついには完全になくなってしまいます
原因	カラムナリス菌がつくことで感染します。食べ残しなどで汚れている水槽内で繁殖しやすい菌です
治療・予防	エルバージュエースなどの市販の薬による薬浴や塩浴によって治療します。さらに水槽の水換えや掃除を行い、水質をきれいに保ちます

松かさ病

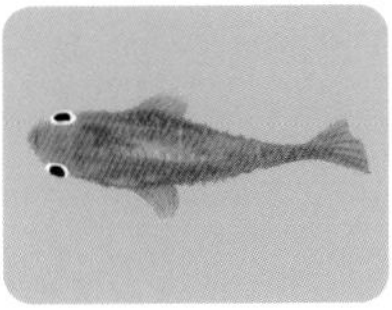

症状	全身のウロコが逆立ちます
原因	エロモナス菌に感染し、ウロコのつけ根に水がたまることで起こります
治療・予防	別の水槽に隔離し、観パラ D などの市販の薬による薬浴や塩水浴によって治療します

赤斑《せきはん》病

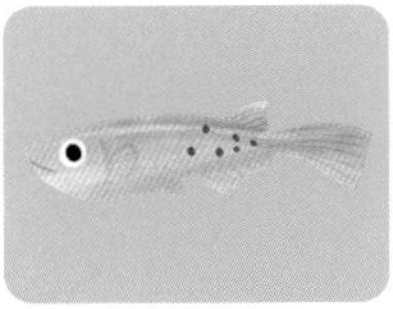

症状	体や目に赤い斑点が現れます
原因	エロモナス菌に感染することによって起こります
治療・予防	別の水槽に隔離し、観パラ D などの市販の薬による薬浴や塩水浴によって治療します

転覆《てんぷく》病

症状	腹部が膨らみ、ひっくり返った状態になります
原因	消化不良によるガスだまりが原因のひとつと考えられています
治療・予防	エサやりをストップしたり、水温を高くしたりすることで回復することがあります

立ち泳ぎ病

症状	頭を上にして立っているように泳ぐようになります
原因	マイコバクテリウムという細菌が関係していると考えられています
治療・予防	別の水槽に隔離し、フラン剤などの市販の薬による薬浴や塩水浴によって、初期の段階なら回復するといわれています

道具を集める

メダカを増やすためには何が必要なのか？

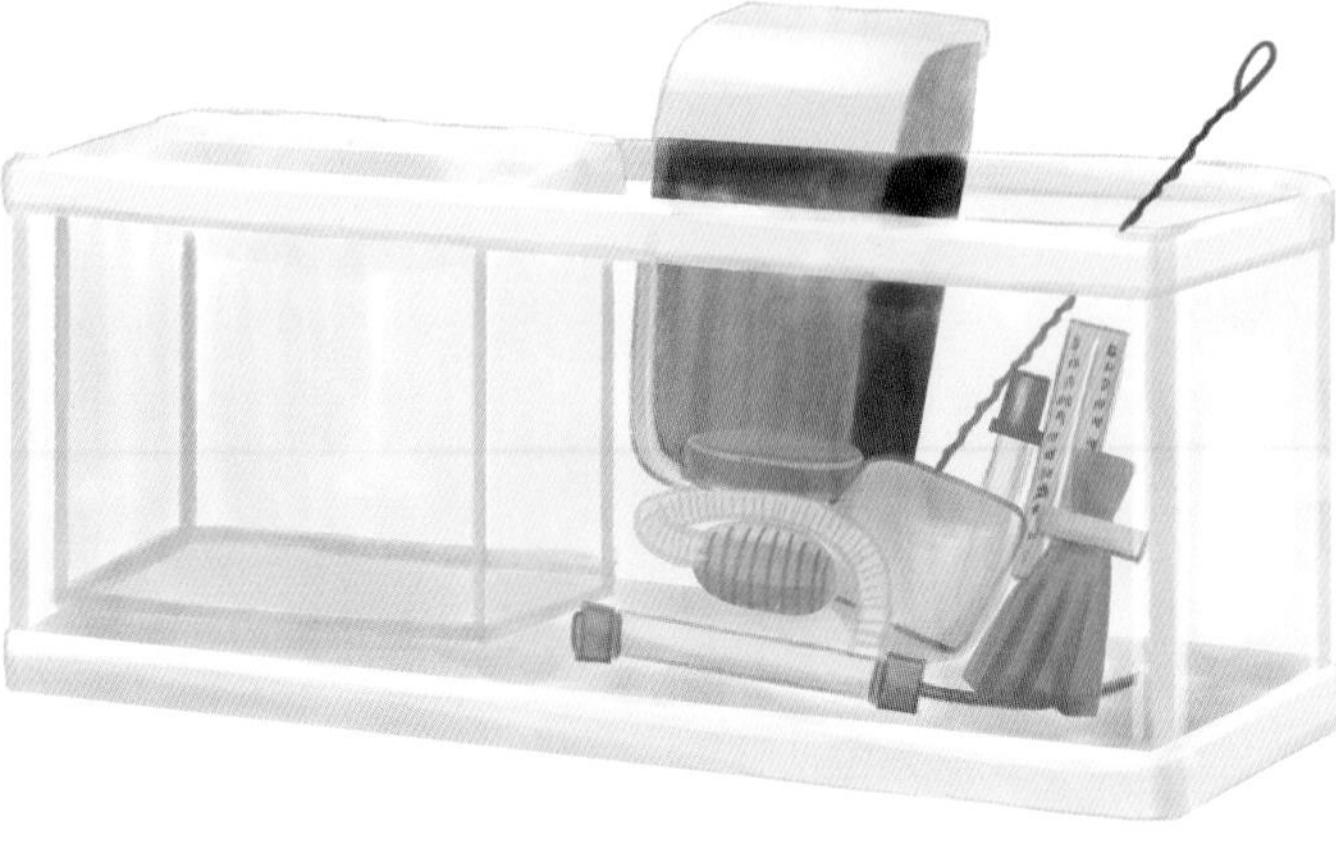

繁殖用のグッズたち。いろいろありますが、フ化用水槽は最低限必要です。

●複数の水槽を用意し親子を分ける

メダカの繁殖に必要なものとしては、まずフ化用の水槽（容器）が挙げられます。ひとつの水槽内で親メダカと卵や稚魚を同居させると、親メダカが卵や稚魚を食べてしまうことがあるため、フ化用水槽を別に用意するのです。

フ化用水槽はそれほど大きくなくてもかまいません。ただし、逆に大きめの水槽を用意して仕切りをつくり、そこで成魚と卵を分けて飼育するという方法もあります。

室内で繁殖させる場合は、蛍光灯やLEDライトなどの照明器具が必須です。卵のフ化に13時間程度の日照時間が不可欠だからです。そして水槽内で弱い水流をつくり、卵に酸素を送り込むエアレーションを入れてください。エアレーションを使うことでフ化率が上がります。水温を調節するヒーターもあると便利です。

さらに、メダカが卵を産みつける産卵床《しょう》（66ページ参照）、メダカをすくう網、水換えに使うポンプやスポイトなどを用意しておいてください。

繁殖に使う道具

ヒーター
水温調節に欠かせません

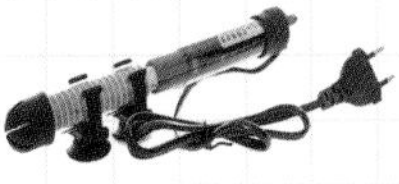

エアレーション
酸素を送り込みます

照明器具
メダカや水草の成長を促進

フ化用水槽
親メダカと卵を分けます

水温計
水温確認に欠かせません

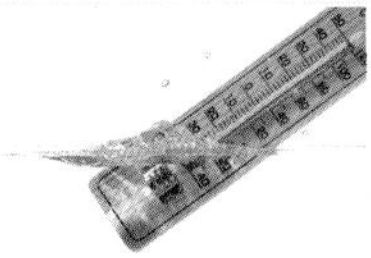

ポンプ・スポイト
水換えの際にあると便利

網
稚魚の選別などに使います

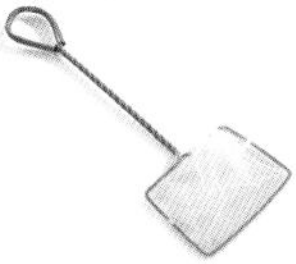

産卵床
メスが卵を産みつけます

ひとつの水槽で済ませる方法
水槽内にネットなどを設けて仕切りをつくり、時期・サイズごとに分けて飼育する

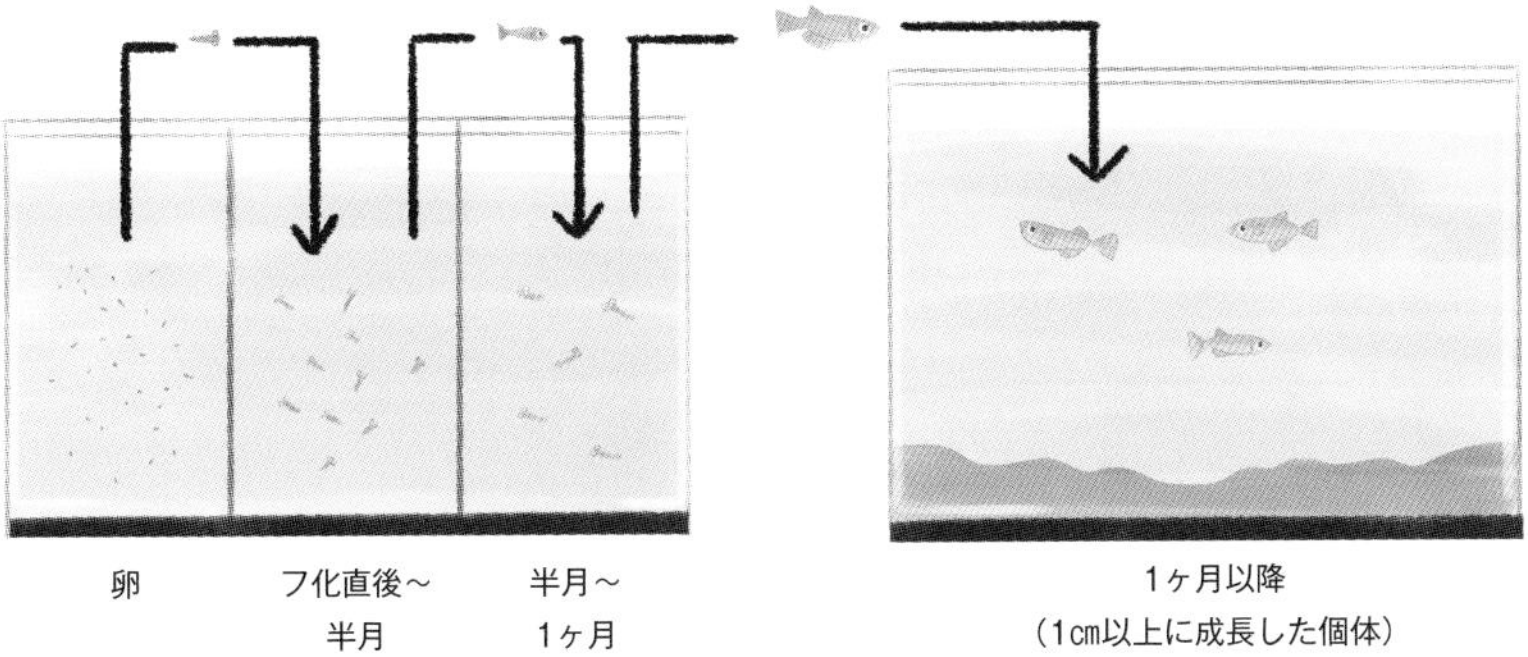

Point

- 親メダカは同じ水槽内の卵や稚魚を食べてしまう。
- 親メダカに卵が食べられないよう、フ化用の水槽を用意する。
- 使い勝手のよいグッズを選ぶ。

水を整える

親メダカも稚魚も、水質には十分に気をつける

●カルキ抜きを忘れずに！

メダカにとって、水槽の水は命にかかわる問題です。水質や水温変化には十分に気を遣わなければいけません。

まず産卵を控えた親メダカが暮らす水槽は、エサの食べ残しや排泄物などで水質が悪くならないように注意します。水質が悪化した環境では、産卵数が減るなどのトラブルが起こることがあるので、こまめに水換えを行いましょう。

一方、稚魚を育てるフ化用水槽の水で注意すべきは、カルキ（塩素）をしっかり抜いたものを使うことです。水道水には殺菌成分のカルキが含まれているため、蛇口から水をそのまま水槽に入れてしまうと、メダカに悪影響を及ぼす恐れがあります。人間にとっては健康のための消毒であっても、小さなメダカ、ましてや生まれたばかりの小さくか弱い稚魚にとっては有害になるのです。

カルキは市販の中和剤を使うか、室内なら2〜3日、屋外なら太陽光に6時間以上当てれば抜けます。安全な水で稚魚を育てましょう。

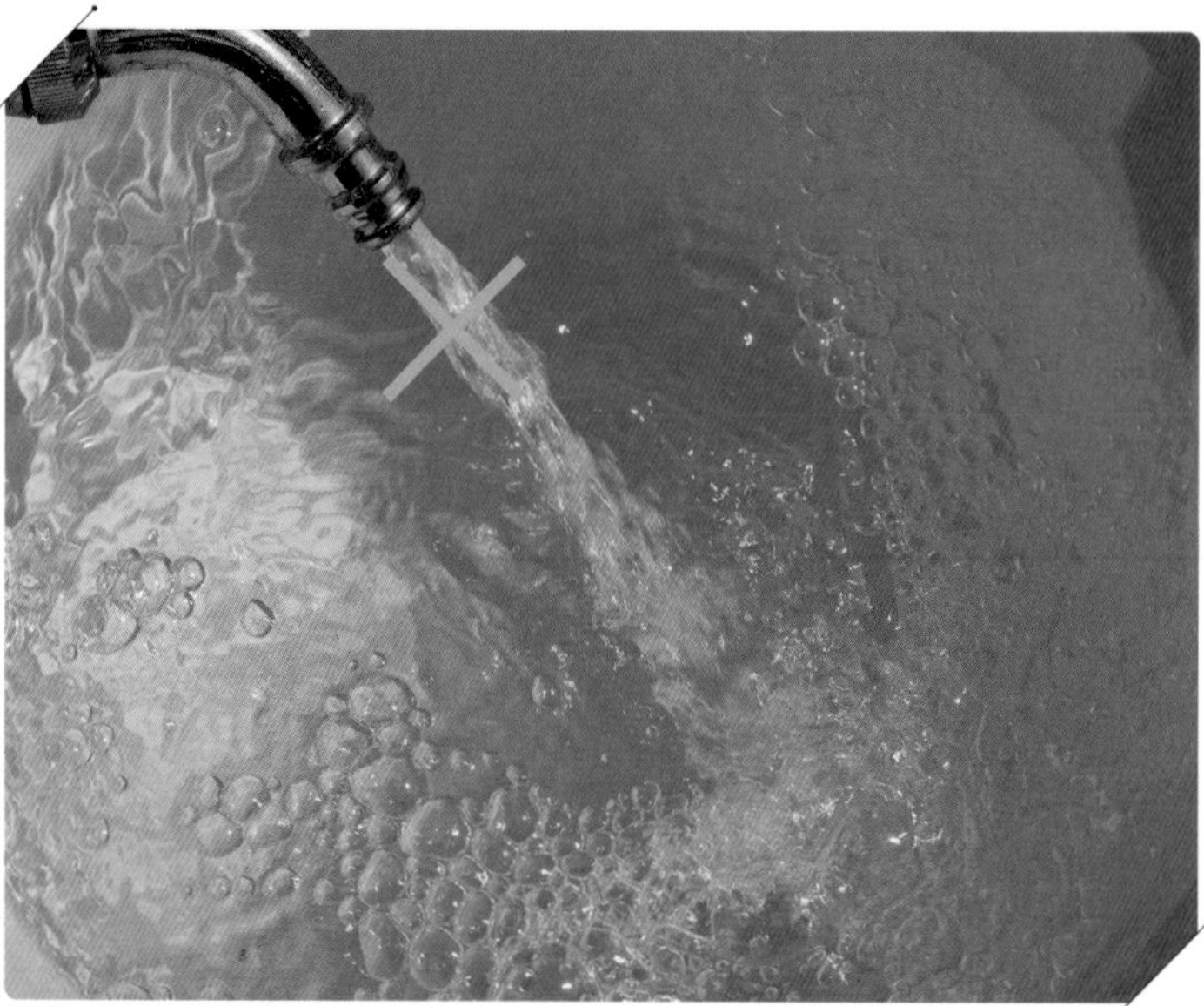

水槽の水は水道水を直接使うのではなく、カルキ抜きをしたものを使います。

水質管理の注意点

親メダカの水槽の水

エサの食べ残しをスポイトやティッシュペーパーで取り除いたり、すでに汚れてしまっていたら水換えを行うなどして、水質の悪化に気をつけましょう

稚魚の水槽の水

メダカを飼育するときの水は基本的にカルキ抜きをした水道水。とくに稚魚はカルキ抜きをしっかりしたきれいな水を使いましょう

カルキを抜くには

❶中和剤を使う

水槽などに入れた水道水に、ペットショップやホームセンターで販売されている塩素の中和剤を投入します。手間はほとんどかかりません

❷日光に当てる

水槽などに入れた水道水を屋内なら2～3日、屋外なら6時間以上太陽光に当ててください。また、水道水をコンロで沸騰させてもカルキは抜けます

Point

- メダカ飼育用の水はカルキ抜きをした水道水が基本。
- 親メダカの水槽の水は、食べ残しなどによる汚れに注意する。
- 稚魚の水槽の水は、カルキ抜きをしっかりしたものを使う。

産卵場所の準備

纏絡糸で水草に絡みついているメダカの卵。

産卵・採卵に最適な産卵場所を用意する

●産卵床は自作でもOK

自然界のメダカは、水草に卵を産みつけます。飼育下でも、水槽にウィローモスやホテイアオイといった水草、あるいはシュロというヤシ科の植物の皮などを入れて産卵場所をつくるのが定番になっています。

ただし、必ずしも本物の水草やシュロを用意しなければならないわけではありません。

そもそもメダカの卵は、表面に生えている纏絡糸《てんらくし》という糸のようなものを水草などに絡ませて付着しています。その纏絡糸が引っかかりやすい素材、たとえばスポンジやアクリル製の毛糸、麻布、レースなどをタコ足状にし、上部をくくれば、オリジナルの産卵床をつくることができます、簡単なので、自作してみるのもよいでしょう。産卵後、水槽を移す際にも自作の産卵床は便利です。

なお、卵のなかには産卵床に付着できず、底に沈んでしまうものもあります。そこで水槽の底に網戸用の網などを敷き詰めておくと、卵の回収率を上げることができます。

メダカが卵を産みつける場所

水草

自然界のメダカが卵を産みつける場所は水草。ウィローモスやホテイアオイなどを水槽に入れるだけで、そこが卵を産みつける場所になります

産卵床

水草を用意するのが手間であれば、産卵床を水槽に入れるだけで OK です。産卵床は市販されていますが、自分でもつくることができます

手づくり産卵床のつくり方（例）

❶ スポンジを用意してください

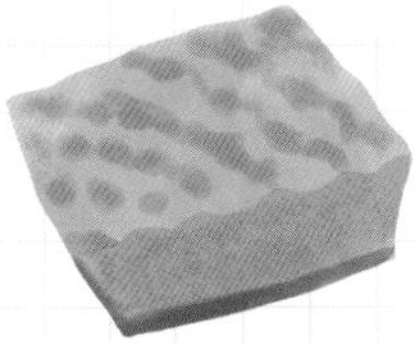

❷ スポンジのザラザラした部分を1～2㎝間隔で切り目を入れていきます

❸ 切り目を入れたものを丸めて上部を結束バンドなどで固定します

❹ これで完成。あとは水槽に浮かべるだけです

Point

- メダカが卵を産みつけるための場所を用意する。
- 水草やシュロ、産卵床をなどを水槽に入れる。
- 産卵床はスポンジなどで自作することもできる。

フ化用水槽の用意

繁殖を行う場合、卵と親メダカは別々の水槽で育てるようにします。

フ化率を上げる水槽のつくり方

●必要最低限のものだけを入れる

繁殖に必要なものがひととおりそろったら、今度はフ化用の水槽を整えます。

まず、水槽に入れる水。水はカルキ（塩素）抜きした水道水を入れ（64ページ参照）、水温を20℃以上に保ちます。水温計を使って、水温を確認しましょう。

次は、エアレーションを弱めにかけて酸素を送り込み、卵が酸欠にならないようにします。屋外で飼育する場合は、風通しや日当たりのよい場所に置くことで酸欠防止になります。

見た目をよくするために底砂を敷きたくなるかもしれませんが、敷かないほうがよいでしょう。卵からフ化したばかりの稚魚はとても小さく、砂の間に挟まってしまうことがあるからです。フ化用水槽には、なるべく余計なものを入れないようにしてください。

フ化用水槽の用意ができたら、産卵を待ちます。そして卵が生まれたら、卵をフ化用水槽に移すのです。

フ化用水槽のレイアウト

置く場所

なるべく日当たりのよい場所を選びましょう（ただし、夏は水温上昇に注意）

水

カルキ抜きをした水道水を入れます

エアレーション

弱めにかけて酸素を送り込みます

産卵床

メダカが卵を産みつけた状態のものを移します

ココ失敗しがち!

アクアリウム空間は美しさにもこだわりたいものですが、卵と稚魚の観賞の間は実用性と安全性をいちばんに考えましょう。フ化用水槽をつくるときに、とくに注意したいのが次の2つです

底砂を敷かない

底砂を敷くと水槽内の雰囲気がよくなります。しかし、小さな稚魚が砂と砂の間に挟まってしまうため、敷くのはやめておきましょう

エアレーションを強くしない

小さく、か弱い稚魚は上手に泳ぐことができません。エアレーションが強いと水流に負けて体力を消耗するうえ、エサが流されて食べにくいので、弱めに調整してください

Point

- 卵と稚魚は成魚とは別のフ化用水槽で飼育する。
- 水槽内は実用性・安全性を重視したシンプルなレイアウトに。
- 水槽の見た目にこだわるのは成魚用の水槽で。

気になる Q & A

Q 異なる品種を同じ水槽で飼育しても大丈夫？
A 体型の異なる品種の場合は注意が必要です。

メダカは品種によって色や柄が異なりますが、異なる品種を同じ水槽で飼ったり、交配させたりすることは可能です。ただし、アルビノメダカやダルマメダカのようにエサをとるのが上手でない品種をほかの品種と一緒に飼うときには、そのメダカがきちんとエサをとれているかどうか注意して見てあげる必要があります。

Q 金魚や熱帯魚と一緒に飼うのはどう？
A 金魚はNGです。

金魚は大きく成長する魚で、小さなメダカや卵を食べてしまうことがあります。それほどサイズが大きくなくとも、基本的に大食いなので、メダカのエサを横どりすることも。金魚とは同居させるべきではありません。一方、熱帯魚はサイズと水温に気をつければ一緒に飼っても大丈夫です。メダカと同じくらいのサイズで、穏やかな性格の品種を、25℃くらいの水温を保ちつつ飼育してください。

Q 井戸水や川の水、雨水を使っても平気？
A 基本的には問題ありません。

井戸水は塩素消毒されているものであれば、カルキ抜きをしたうえで利用することができます。通常の水道水と同じ扱いです。川の水はメダカが生息しているような川であれば問題はありません。屋外飼育で雨水が混入したとしても、とくに影響はないでしょう。

Q　メダカの健康維持にいちばん大切なことは？

A　観察を怠らないことです。

メダカの体調の変化は、ふだんから注意深く観察していれば意外と早く発見できます。ただし、病気は早期発見と同じくらい予防が重要。水質を悪化させないことや、適量のエサを与えることなどを意識することが病気の予防につながります。

Q　繁殖初心者におすすめの品種、おすすめできない品種を教えて！

A　飼いやすいメダカから繁殖をはじめるのがベターです。

ダルマメダカは、その体型ゆえに繁殖行動が上手にできません。そのため卵を産んでも無精卵のことが多いうえ、誕生した子メダカに背骨が短い体型が遺伝する確率が少なくありません。また、ヒカリ体型（124ページ参照）のメダカは繁殖自体は難しくないのですが、背曲がりなどの骨格異常が遺伝しやすいという特徴があります。つまり、体型が変化した品種は難しいということです。したがって、最初のうちはヒメダカや楊貴妃《ようきひ》メダカなど、普通種体型（同）の手に入りやすいメダカから繁殖をはじめるのが無難です。

Q　通販でメダカを購入する際の注意点は？

A　信頼できる業者を選ぶことです。

現代はインターネット社会。ネット通販やオークションなどで、家にいながら手軽にメダカを手に入れられる便利な時代です。ただし通販などは実店舗と異なり、購入前に自分の目でメダカを見ることができません。写真とは違ったメダカや不健康そうなメダカを送ってきたり、死亡していたときの保証がないといった業者も少なくありません。その業者の情報を集めて、信頼できる相手かどうかを見極めたうえで取引する必要があるでしょう。チェックポイントは販売歴の長さ、利用者の評価、商品説明の丁寧さ、アフターケアの有無などです。

増えない原因、失敗チェック

1
章

メダカの繁殖は、最初の段階でのミスが最後まで響いてしまいます。種親を交配させる前の準備が万端かどうか、1章の最後にもう一度、チェックしておきましょう。

□ 安易な考えで繁殖しようとしていないか?

➡ 水槽、飼育スペース、エサ代、世話をする時間やゆとり。メダカの繁殖はできる範囲にとどめることが大切です。増やすだけ増やして「手に負えなくなった」となってはいけません。

□ メダカのライフサイクルを理解しているか?

➡ 飼育下のメダカの平均寿命は2～3年。繁殖期に入るのは、フ化してから3ヶ月ほどしてからです。そして2年くらいすると、繁殖行動をとらなくなります。

□ メスが産卵できる環境になっているか?

➡ メダカの産卵条件は、20～25℃の水温と1日13時間程度の日照時間。この環境が整わなければ、メスは産卵しません。繁殖行動が見られない場合は、環境面を見直しましょう。

□ オスとメスの判別を間違っていないか?

➡ メダカのオス・メスを見分けるのは、それほど難しくはありません。慣れれば意外と簡単です。しかし、見誤ってペアリングしてしまうと、当然ながら繁殖は見込めないので気をつけましょう。

□ 健康なメダカを種親として選んでいるか？

➡ よりよい子メダカを得るために重要なのは、健康で元気な種親を選ぶことです。病気にかかっているメダカ、健康状態の悪いメダカを選んでしまうと、子にも影響が及びます。

□ 繁殖に必要な環境が整備されているか？

➡ メダカを繁殖させて増やすためには、卵や稚魚を育てるための環境整備が欠かせません。フ化用水槽を用意せず、卵や稚魚を親メダカと一緒に育てていては食べられてしまい、増やすことはできません。

□ フ化用水槽に水道水をそのまま使っていないか？

➡ 水道水にはカルキ（塩素）が入っています。そのまま水槽に入れると、メダカ（とくに稚魚）に悪影響を与えるので、必ずカルキ抜きをしてから使うようにしてください。

□ 適切な産卵床を使っているか？

➡ メダカが卵を産みつける産卵床（あるいは水草)。これが用意されていなかったり、適切なものでない場合、メスは卵を産みつけられず、水底へ落としてしまうことになります。市販のものでも自作でもよいので、しっかりしたものを用意しましょう。

□ フ化用水槽を間違ったつくりにしていないか？

➡ 卵や稚魚を育てるフ化用水槽は、見た目より機能性が重要です。水草をたくさん入れたり、底砂を敷いたりせず、卵や稚魚の成長確率が高まる環境にしてあげましょう。

2章

交配と産卵

ここからは、いよいよメダカの繁殖を行います。オスとメスを交尾させ、卵が生まれるまでを解説します。メダカの繁殖のファーストステップ。とくに難しいことはありませんが、水温の管理などは慎重に進めていきましょう。

ペアリング

オスとメスの比率は1対2くらいが理想

交配させる種親はオス・メスの比率がカギ。メスを多めに入れるのがコツです。

メスを多めに入れる

自然界のメダカは、春から夏にかけて繁殖期を迎えます。メダカの繁殖を行う場合、そのタイミングで種親のオスとメスを水槽に入れ、交配させるとよいでしょう。交尾後、健康なメスは毎日10～30個ほどの卵を産みます。

では、種親は何匹くらい入れればよいのでしょうか？基本的には、水槽の水1ℓに対して1匹を目安にしましょう。多すぎると、メダカがストレスを感じて繁殖行動をとらないことがあります。逆に少なすぎると、縄張り争いをしてしまいます。

さらに気をつけるべきは、オスとメスの比率。これは、オス1匹に対してメス2匹、つまり1対2くらいが理想です。メスはすべてのオスの求愛を受け入れるわけではないので、メスを多くしたほうが繁殖しやすいのです。

なかなか繁殖行動をとらないようなら、メダカ同士の相性がよくない可能性が考えられます。その場合は、ペアリングを変えてみるのも手です。

種親の数とオス・メス比率の悪例

メダカの密度が高すぎると……

メダカが密集しすぎていると、ストレスを感じてなかなか繁殖行動をとらなくなります

メダカの密度が低すぎると……

メダカが少なすぎると、メダカ同士で縄張り争いをして、繁殖どころではななくなってしまいます

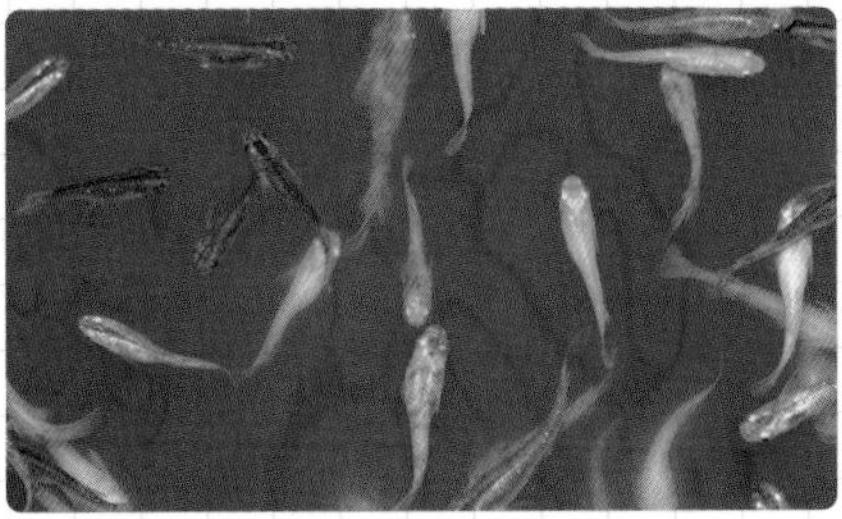

オスが多すぎると……

メスはすべてのオスの求愛を受け入れるわけではないので、オスが多いと効率が悪くなってしまいます

メスが多すぎると……

メスがオスに出会えないと、卵を排出できず、腹部にため込んだ状態（過抱卵）になってしまいます

↓

親メダカの数は水１ℓに対して１匹、
オスとメスの比率は１対２を目安にして水槽に入れる

column

繁殖させにくい品種

メダカは基本的に繁殖させやすい魚で、人気の楊貴妃（ようきひ）メダカや幹之（みゆき）メダカなどの難易度はそれほど高くありません。ただし、アルビノメダカやダルマメダカなどは、その形質により比較的難しいとされています

アルビノメダカ

弱視のため交配しにくいうえ、稚魚がなかなかエサをとれず、やせやすい傾向があります

ダルマメダカ

交尾の際、体型的にオスがメスを抱きしめるのが難しく、無精卵が多くなる傾向が見られます

Point

- ☑ メダカを繁殖させるのは春から夏がベスト。
- ☑ 種親の数は水１ℓに対して１匹を目安とする。
- ☑ オス・メスの比率は１：２くらいを心がける。

繁殖行動

メダカの交尾の流れをおさえておく

メダカの交尾の様子。新しい生命が誕生する神秘的な儀式です。

●オスが〝ダンス〟でメスにアピール

オスとメスを水槽に入れ、水温や日照時間などの条件が整うと、朝の早い時間に繁殖行動が見られるでしょう。

メダカの交尾は、オスの求愛からはじまります。気に入ったメスを追いかけ、ヒレを広げてアピールを繰り返します。この〝ダンス〟が、いわばプロポーズです。

メスがプロポーズを受け入れると、カップルで並んで泳ぐようになります。そしてオスは背ビレと尻ビレを使い、「S」の字を描くような格好でメスを抱きしめて体を振動させます。このとき、興奮したオスの腹ビレが黒っぽくなります。

刺激を受けたメスが卵を産み、オスがほぼ同じタイミングで放精すると、卵は受精します。これがメダカの交尾の一連の流れです。

交尾の後、メスは受精した卵を腹部にぶら下げたままにしていることがありますが、その卵は数時間後には水草や産卵床《しょう》に移されるか、そのまま産み落とされます。

メダカの交尾の流れ

❶求愛行動

オスがメスに対してヒレを広げて盛んにアピール

❷カップル誕生

カップルになったオスとメスが並んで泳ぎます

❸交尾

オスがメスを抱きしめて、体を振動させます

受精した卵。
しばらくぶら下げていることもある

❹産卵

メスが卵を水草や産卵床に付着させます

column

オス・メスの相性

人間同様、メダカにもオスとメスの相性があるといわれています。お互いのどこに惹かれ合うのかははっきりしませんが、最初はその気がなさそうだったのに、あとから仲よくなるというケースも見受けられます。また、オスがひたすらメスを追いかけ回しているような場合は、相性が悪いと判断できます。

Point

- メダカの繁殖行動は早朝に行われることが多い。
- メダカの交尾は、オスの求愛からはじまる。
- 交尾の後、メスは卵を水草や産卵床に移す。

卵がフ化するまで

メダカは1回で10～30個の卵を産みます。生涯では500個くらいになります。

刻々と変化する卵の様子を見守ろう

10日～2週間ほどでフ化する

メダカの繁殖を行う場合、産卵後の卵の取り扱いが重要になります。その方法を説明する前に、メダカの卵がフ化するまでの流れをおさえておきましょう。

メダカの卵がフ化するまでの時間は、水温によって異なりますが、25℃の水温であれば、産卵から10日～2週間ほどです。

メスの体から離れて産卵床に付着して半日もすると、卵のなかでメダカの体のもととなる胚盤《はいばん》が形成され、3日ほどで頭や目、心臓などがつくられます。

1週間後には、体のほとんどが完成。この頃になると、卵のなかで成長したメダカが目をキョロキョロさせたり、クルクルと回って動いたりする様子を観察できます。

そして産卵から10日～2週間経つと、いよいよフ化がはじまります。卵のなかのメダカは、口から酵素を出して卵の膜を少しずつ溶かしていき、膜が破れると水槽内に出てきます。

卵がフ化するまでの流れ

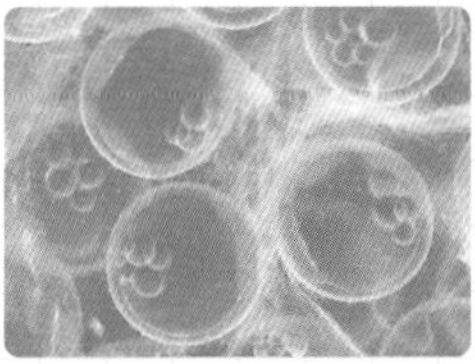

❶産卵1日目

細胞分裂が起こり、体のもととなる胚盤がつくられていきます

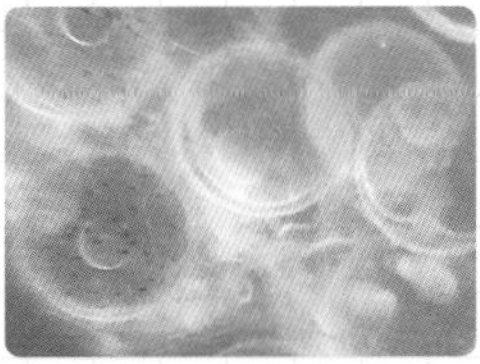

❷産卵3日目

頭、目、心臓といった体の組織が形づくられていきます

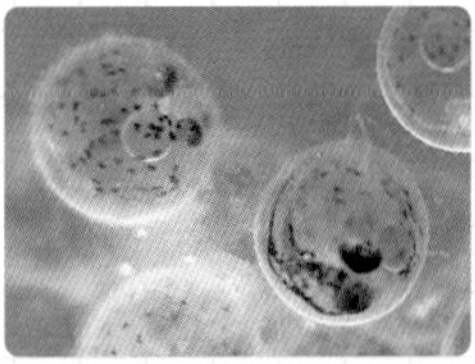

❸産卵7日目

体の組織のほとんどが完成し、卵のなかで動き回ります

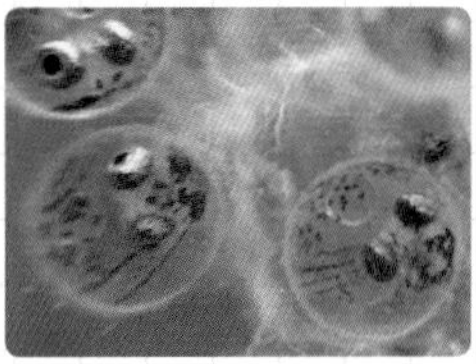

❹産卵14日目

魚の形をしているのをはっきりと確認できます

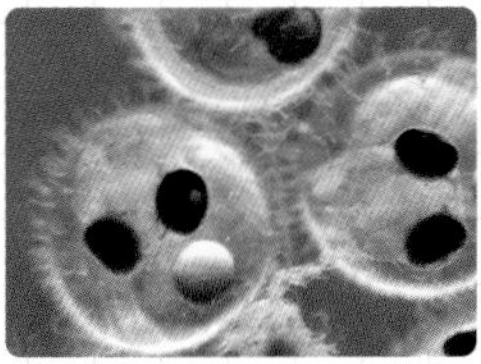

❺フ化直前

もうすぐ卵の膜を破って外に出て行こうとしています

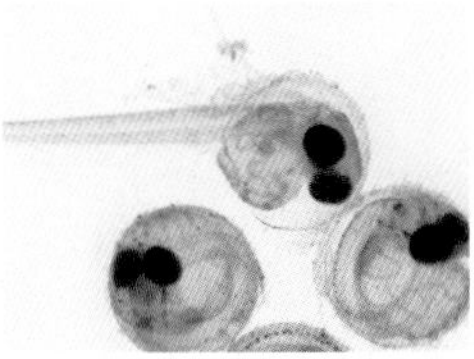

❻フ化の瞬間

フ化時には、メダカ自身が卵の膜を破って外に出てきます

フ化までの時間を計算する

産卵から毎日の水温を足した合計が250℃になるとフ化する
→250を水温で割ると、フ化までにかかるおおよその日数がわかる

フ化までの日数 = 250 ÷ 水温(℃)

[ex. 水温が22℃の場合
250 ÷ 22（℃） ≒ 11.3（日）]

Point

- メダカの卵は10日～2週間ほどでフ化に至る。
- メダカ自身が口から酵素を出して卵を破る。
- フ化までのおおよその日数は、計算式で求めることができる。

卵の採取①

産卵床や水草ごとフ化用水槽へ移す

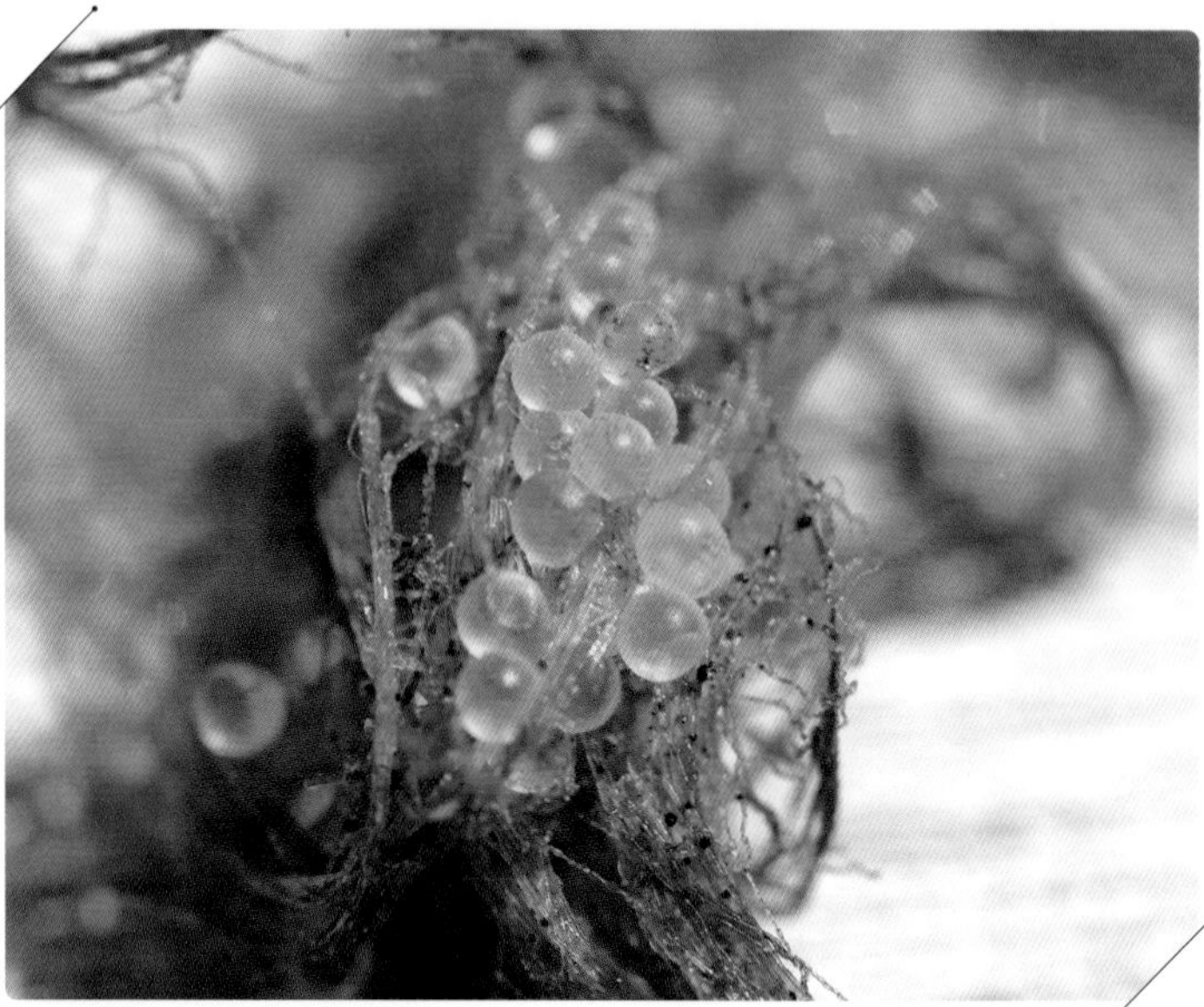

産卵床に産みつけられた卵。卵はそのままにしておいてはいけません。

●成魚に食べられないように!

メダカの卵やフ化したばかりの稚魚《ちぎょ》は、同じ水槽内の成魚に食べられてしまうことがあります。したがってメダカを繁殖させたい場合、産卵床や水草に卵が産みつけられたタイミングでフ化用の水槽に移動させなければいけません。

移動方法は大きく2つあり、そのひとつが産卵床や水草ごと採取する間接採卵です。

卵が産卵床や水草に付着しているのを見つけたら、そのままの状態でフ化用の水槽に移してください。このとき、卵だけを引き離す必要はありません。水草は光合成によって酸素を生み出してくれますし、卵がフ化したあとも稚魚の隠れ家として機能するからです。

水はカルキ（塩素）を抜いた水道水を使い、卵の間は1～2日に1回くらいの割合で交換するようにします。ただし、フ化した直後は、そのときの水でしばらく過ごさせてください。か弱い稚魚にとっては、フ化したときの環境がもっとも適した環境になるからです。

間接採卵の方法

❶産卵床を取り出す

卵が産卵床や水草に付着しているのを見つけたら、そのままの状態で取り出します

❷フ化用の水槽に入れる

産卵床や水草から卵を引き離さず、そのままの状態でフ化用に準備した水槽に移します

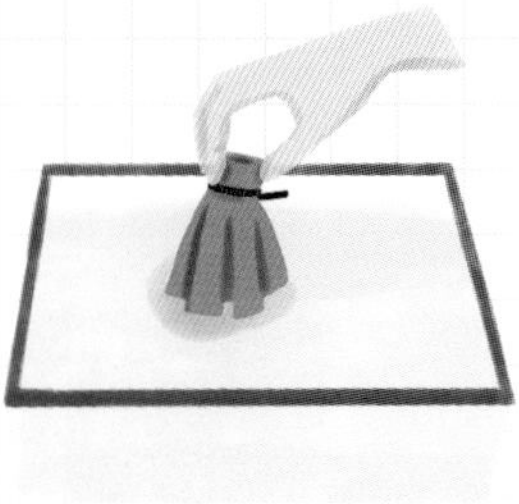

フ化用水槽の準備

フ化用水槽の水は水道水をそのまま使うのではなく、カルキ抜きをし、水温を20℃以上に調節してから産卵床を入れましょう。卵のフ化率が高まります

column

メダカが卵を食べるワケ

メダカが卵や稚魚を食べてしまうのは、共食いしたくてしているわけではありません。それが自分たちの子だとはわからず、「目の前にエサがあった」という認識で口にしているだけです。広いフィールドで暮らしている野生のメダカはそうしたことはありませんが、狭い水槽で飼われているメダカにとってはしかたのない行動といえるでしょう。

間接採卵のメリット・デメリット

〇 手間をかけることなく、効率的に卵をフ化用水槽に移動することができます

✕ 産卵床や水草の予備を複数用意しておかなければいけません

Point

- ☑ メダカが卵を産んだらフ化用水槽に移動する。
- ☑ 移動させる方法は、間接採卵と直接採卵の2つある。
- ☑ 間接採卵は簡単で効率的な方法である。

卵の採取②

こんなときには綿棒やハケを使って採卵する

なかなか産卵床に卵を産みつけないメダカは、人工的に卵を採取してあげましょう。

●卵をいつまでも抱えたままのメダカがいる

メダカのなかには、卵を産卵床や水草に産みつけることができない品種がいます。泳ぎの下手なダルマメダカや、生まれつき視力の低いアルビノメダカなどが代表例です。そうしたメダカの卵を採取する場合、またはどの親の卵かを確実に把握しておきたい場合、直接採卵という方法をおすすめします。

腹部に卵をつけたまま泳いでいるメスを見つけたら、網などを使ってすくい上げ、そっと手のひらにのせてください。暴れて逃げられないように、軽く包み込む形がよいでしょう。次に、綿棒やハケなどでメダカの体から卵を引き離します。卵を潰してしまわないかと心配するかもしれませんが、メダカの卵は意外に頑丈で、少し力がかかったくらいでは潰れません。

採取した卵は、カルキ（塩素）を抜いた水道水を入れたフ化用の水槽に移します。そして20℃程度の最適温度と清潔を保ち、フ化するまで待ちます。

直接採卵の方法

❶母メダカをすくう

腹部に卵をつけているメスを網などを使ってすくい上げます

❷手のひらにのせる

手のひらにのせたメダカを軽く包み込むようにして固定します

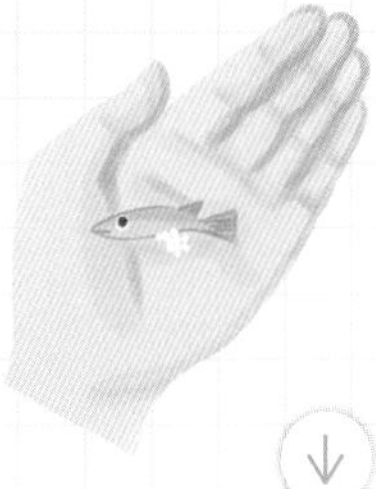

❸綿棒で採卵する

綿棒やハケなどを使い、メダカの腹部についている卵を引き離します

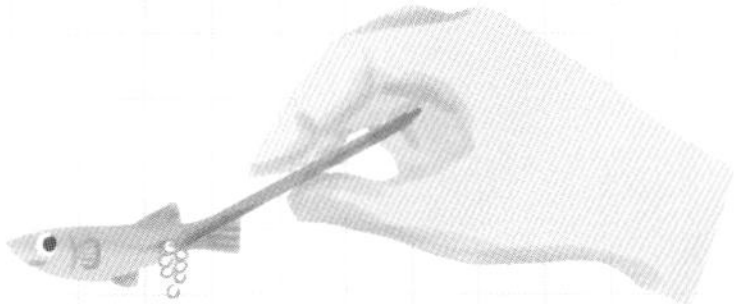

❹フ化用の水槽に入れる

フ化用水槽を用意しておき、採取した卵を入れます

直接採卵のメリット・デメリット

卵を産みつけにくい品種の卵を採取できます。また、どの親の卵かを確実に把握することができます

人間の手を介すことにより、メダカにストレスをかけてしまいます。

Point

- 卵を産みつけにくい品種の卵は直接採卵で採取するとよい。
- どの親の卵かを把握しておきたいときにもおすすめ。
- 直接採卵はメダカにストレスをかけることを忘れない。

卵の除去

健康な卵を守るため、無精卵や死卵を取り除く

下の卵と左上の卵にはカビが生えています。右上の卵も時間の問題です。

●ダメになった卵をそのままにしない!

卵をフ化用の水槽に移動させてしばらくすると、いつまで経ってもフ化しない卵があることに気づくでしょう。その卵が産卵されたものの受精しなかった無精卵であったり、水質や水温などの影響で発育がうまくいかなかった死卵であったりすると、いつまで待っていてもかえりません。

健康な卵が無色〜黄色で透明なのに対し、ダメになった卵は白く濁っていたり、カビが生えていたりします。ダメになった卵をそのままにしておくのはNGです。

カビが健康な卵に移れば、その卵もダメになってしまいますし、水質の悪化にもつながります。そうした事態にならないように、無精卵や死卵は、見つけ次第すぐに取り除く必要があるのです。

カビがしばしば発生するようなら、水換えの頻度を増やしたり、市販のメチレンブルー溶液を利用して水質に気を遣うようにするとよいでしょう。それによってカビが発生しにくくなります。

ダメになった卵の処理

ダメになった卵

無精卵

白く濁っていて、軽くつまんだだけで潰れます。カビも生えやすいです

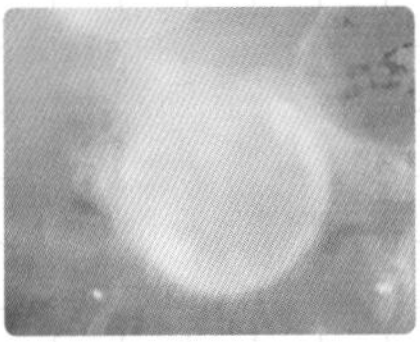

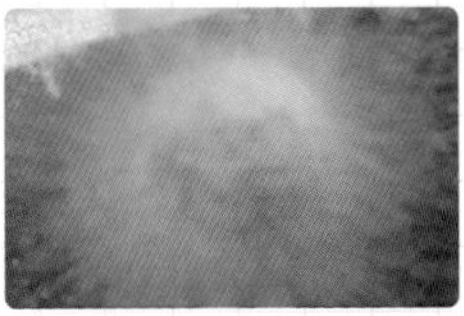

カビの生えた卵（死卵）

表面がカビで覆われており、死んでいます。カビは近くの卵に移っていきます

健康な卵

受精卵

健康な受精卵は無色～黄色で透明。はりつやがあり、軽くつまんでも潰れません

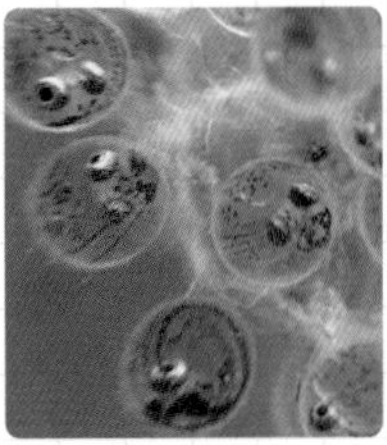

- カビをそのままにしておくと、健康な卵にも移ってしまう
- 卵が腐ると、水質の悪化にもつながる

↓

カビの生えた卵を見つけたら、すぐに取り除く！
＊カビが生えていなくても、明らかに無精卵や死卵とわかるものは取り除いてください

卵のカビ対策

❶水換えをこまめに行う

水換えを1～2日に1回くらいの割合で行います。また、メダカの飼育には水道水をカルキ抜きして使うのが定石ですが、卵の場合はカルキの殺菌力をカビの繁殖防止に利用する方法もあります。卵の段階ではカルキが生育に影響を及ぼす心配がないからです

❷メチレンブルーなどを使う

観賞魚の病気治療によく用いるメチレンブルー。この水溶液は殺菌効果をもっているので、水槽に溶かせばカビ防止に効果を発揮します。水道水のカルキ同様、卵の段階では悪い影響は及ぼしません

Point

- ☑ 卵のなかに無精卵や死卵が混じっていることがある。
- ☑ カビの生えた卵を放置すると、健康な卵にも移ってしまう。
- ☑ 卵のカビには、水換えやメチレンブルーなどで対処する。

繁殖のコントロール

たくさん増やす方法・増やさない方法を知る

卵を増やしたくという場合は、そのまま放置して成魚に食べさせてください。

繁殖期のメダカはどんどん産卵する

繁殖期のメダカは水温や日照時間などの条件が整えば、1回10～30個くらいのペースで毎日のように卵を産みます。その際、できるだけたくさんの卵をフ化させて飼育したいという人のためにひとつのコツを伝授しましょう。

そのコツとは、とくに難しくはありません。水槽内の産卵床や水草を頻繁に取り替えるだけでよいのです。

産卵床に卵が付着しているのを見つけたら、それをフ化用の水槽に移し、また新しい産卵床を水槽に入れます。次に卵のついた産卵床を見つけたときも、同じように別のフ化用水槽に移動させます。こうして繰り返していると、採取した卵の数がどんどん増えていき、結果的に大量の卵を手に入れることができるのです。

一方、もう増やしたくないという場合は、卵の採取・フ化用水槽への移動をやめましょう。卵をそのままにしておくと、大半が親メダカに食べられてしまうため、数をコントロールすることができます。

大量採卵と抑制採卵

卵をたくさんとりたい！

❶産卵床をフ化用水槽に移す

卵のついた産卵床や水草を見つけたら、フ化用水槽に産卵床ごと移してください

❷新しい産卵床を提供する

種親がいる水槽に新しい産卵床や水草を入れます。卵が生まれたら、また産卵床をフ化用水槽へ入れましょう

これ以上、増やしたくない！

卵をそのまま放置する

放置された卵は親メダカがエサと間違えて食べてしまい、自然と数が減っていきます。

ココ失敗しがち!

卵の放置をためらう人へ

せっかく生まれた卵なのに、親メダカに食べられてしまうのはかわいそう……。そう感じる人は、卵を見つけるたびにフ化用水槽に隔離し、水槽の数をどんどん増やしていきます。その結果、水槽が足りなくなり、フ化した稚魚も増えて手に負えなくなってしまった、といった事態に見舞われてしまいます。愛着をもって育てていると生命を粗末にすることは気が引けるものですが、そこは割り切った考えも必要。自分で飼育できる範囲のメダカをしっかりと育ててあげましょう。

Point

- 産卵床を頻繁に取り替えることで、多くの卵を採取できる。
- これ以上増やしたくない場合は、親メダカの水槽に放置する。
- 自分で飼育できる範囲のメダカをしっかりと育てる。

気になるQ&A

Q オス・メスの相性のよし悪しはどこで判断すればよい？

A オスが攻撃的になります。

相性が悪い場合は、オスがメスをつついたり、追い回したりするなど、攻撃的な姿勢を見せることが多いです。

相性がよければ、それほど時間をかけずに有精卵が生まれるでしょう。最初は仲よくしていたオスとメスの相性が悪くなったり、仲の悪かったオスとメスの相性がよくなるケースもあるので、注意深く見守りましょう。

Q 産卵の瞬間を見たいのだけど……。

A 繁殖シーズンの早朝が狙い目です。

神秘的なメダカの産卵。そのシーンを観察したければ、繁殖期（4月後半～9月頃）の早朝を狙ってください。午前4～8時くらいに産卵することが多いです。ただし、大きな音を立てたりすると、メダカに警戒されてしまうので、できるだけ静かに見守ってあげましょう。

Q 交尾が下手なメダカがいるってホント？

A 体型の異なる品種や視力の弱い品種は苦手です。

ダルマメダカは腹部が出ており、オスがヒレでメスを抱きしめる形にもっていきにくいです。また、アルビノメダカやスモールアイメダカは視力が弱くて相手を見つけにくいため、交尾がうまくいかないことが多いです。

Q 産卵数が減ってしまうことがあるのはなぜ？

A エサ不足が原因かもしれません。

繁殖時期のメスはほぼ毎日、卵を産みます。しかし、エサが不足したり、日照時間が十分でなかったりすると、産卵数が減ることがあります。栄養のあるエサをしっかり与え、日照時間を確保してあげれば、産卵数が戻る可能性があります。

Q 卵を産卵床に産みつけない理由は？

A 卵が引っかかりにくいのかもしれません。

たとえば、卵が引っかかりにくい素材で産卵床をつくると、卵が水底に落ちてしまいます。また、産卵床とは別に水草を入れていると、水草のほうに卵がついていることもあります。水槽内を注意深く探してみましょう。成魚と同じ水槽で飼育している場合は、卵が成魚に食べられてしまっている可能性も高いです。

Q 産卵後、メスがやせてしまった……どうすればよい？

A 栄養不足が原因と考えられます。

一般に、メスは成魚になってから２年間くらい卵を産み続けます。人間と異なり、産後のメスが疲れでやせてしまうことはありません。やせた原因として考えられるのは栄養不足などです。きちんとエサを与えていれば、繁殖期間中でも通常の体型を維持しています。

Q 市販のエサに品質保持期限はあるの？

A あります。

人間の食べ物と同じように、メダカのエサにも品質保持期限が設けられています。期限切れのエサをあげても、すぐに死んでしまうことはないでしょう。しかし、脂分などが酸化したりするので、メダカの成長不良につながります。エサごとに期限は異なるので、必ずチェックするようにしてください。

2
章

増えない原因、失敗チェック

メダカは生涯にたくさんの卵を産みます。オスとメスの交尾を見守り、卵が育つ最適な環境をつくることで、稚魚の誕生へとつなげていきましょう。

□ 交配させるオスとメスの比率を1対2にしているか？

➡ メダカを交配させるときには、オスよりもメスを多めに入れます。目安となる比率はオス：メス＝1対2。メスが繁殖行動をとりやすい環境をつくってあげてください。

□ メダカの交尾の流れをおさえているか？

➡ 求愛行動からはじまり、オスがメスを抱きしめる形で放精するメダカの交尾。通常は早朝に行われます。

□ 卵がかえるまでにどれくらいかかるか知っているか？

➡ メダカの卵は、産卵から10日〜2週間でフ化します。ただし水温が低かったりすると、それ以上の時間がかかることもあります。計算式でおおよその日数を把握しておきましょう。

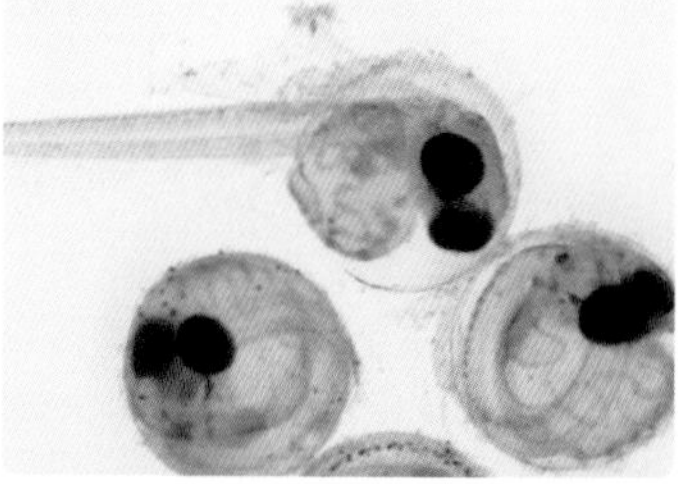

□ 卵が付着した産卵床をそのままにしていないか？

➡ メスは卵を産卵床や水草などに産みつけます。卵が付着しているのに気づいたら、そのままにせず、すみやかにフ化用の水槽に移してください。

□ 卵がメスの腹部についたままになっていないか？

➡ 卵を産卵床や水草などに産みつけず、腹部に抱えたまま泳いでいるメスがいます。そんなメスを見つけたら、綿棒やハケなどを使って卵をとってあげましょう。

□ 無精卵や死卵を放置したままにしていないか？

➡ 無精卵や死卵をそのままにしておくと、健康な卵にまで悪影響をもたらします。ダメになってしまった卵を見つけたら、すぐに取り除くようにしましょう。

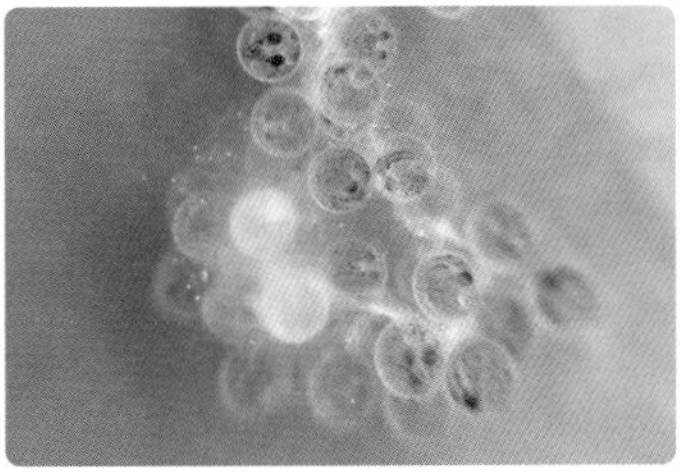

□ 産卵数をコントロールできているか？

➡ 大量に卵を採取したいなら、卵が産まれるたびに産卵床や水草を取り替えます。逆に産卵数を抑えたいなら、卵をフ化用水槽に移動させず、成魚に食べさせてしまいます。かわいそうに思えるかもしれませんが、稚魚が増えすぎてしまうと、どうにも手に負えなくなります。

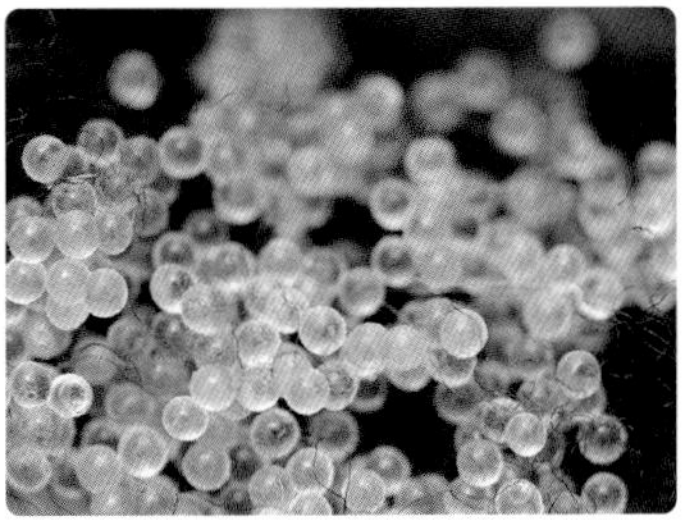

3章

稚魚を育てる

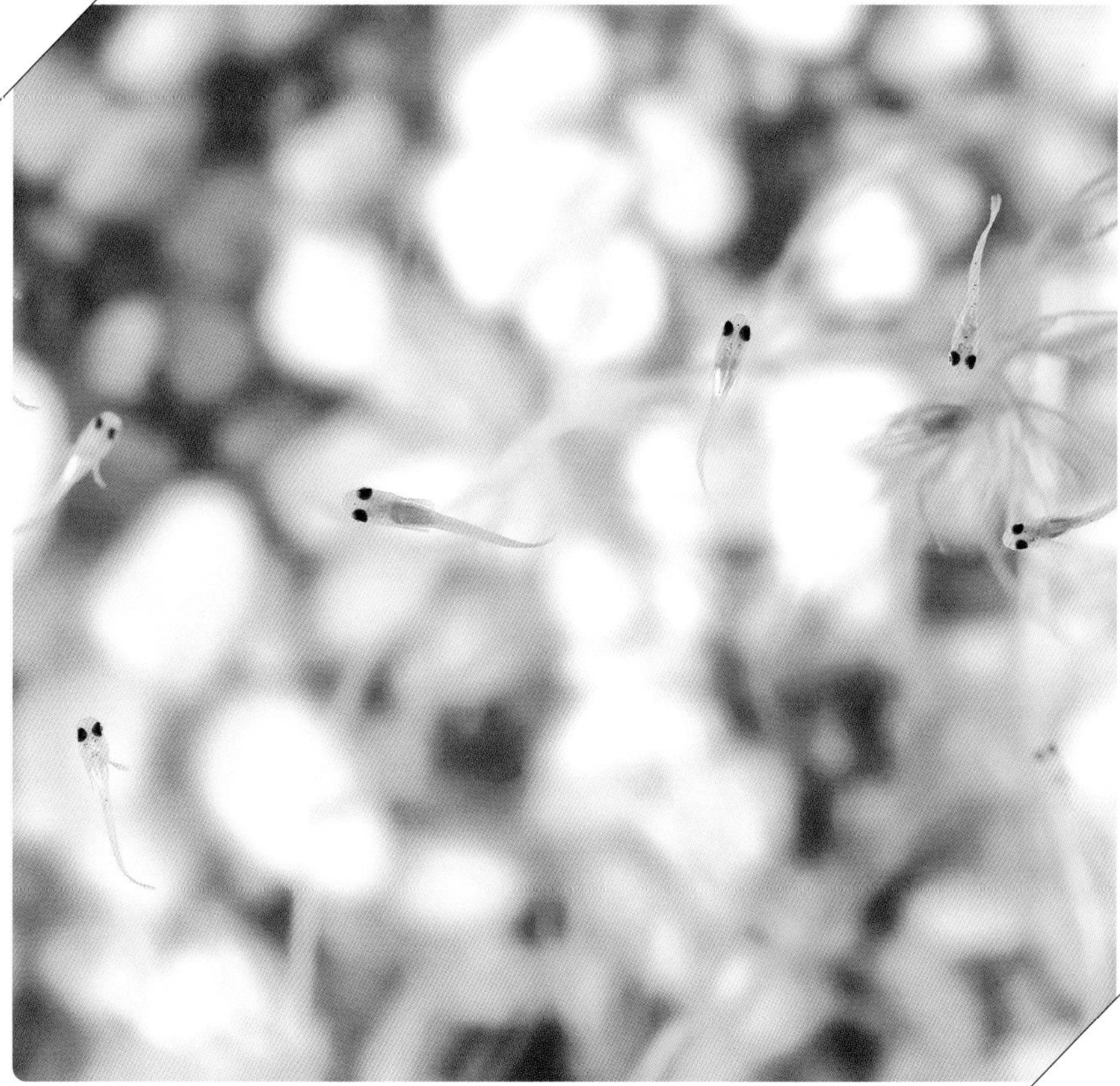

メダカの子が卵からかえったら、約3ヶ月間、稚魚として時間を過ごすことになります。この稚魚の期間がメダカを増やすうえで、いちばん大切な期間です。エサやりや水換え、掃除などについて、詳しく紹介します。

稚魚の飼育

大人になるまでの成長過程を知っておこう

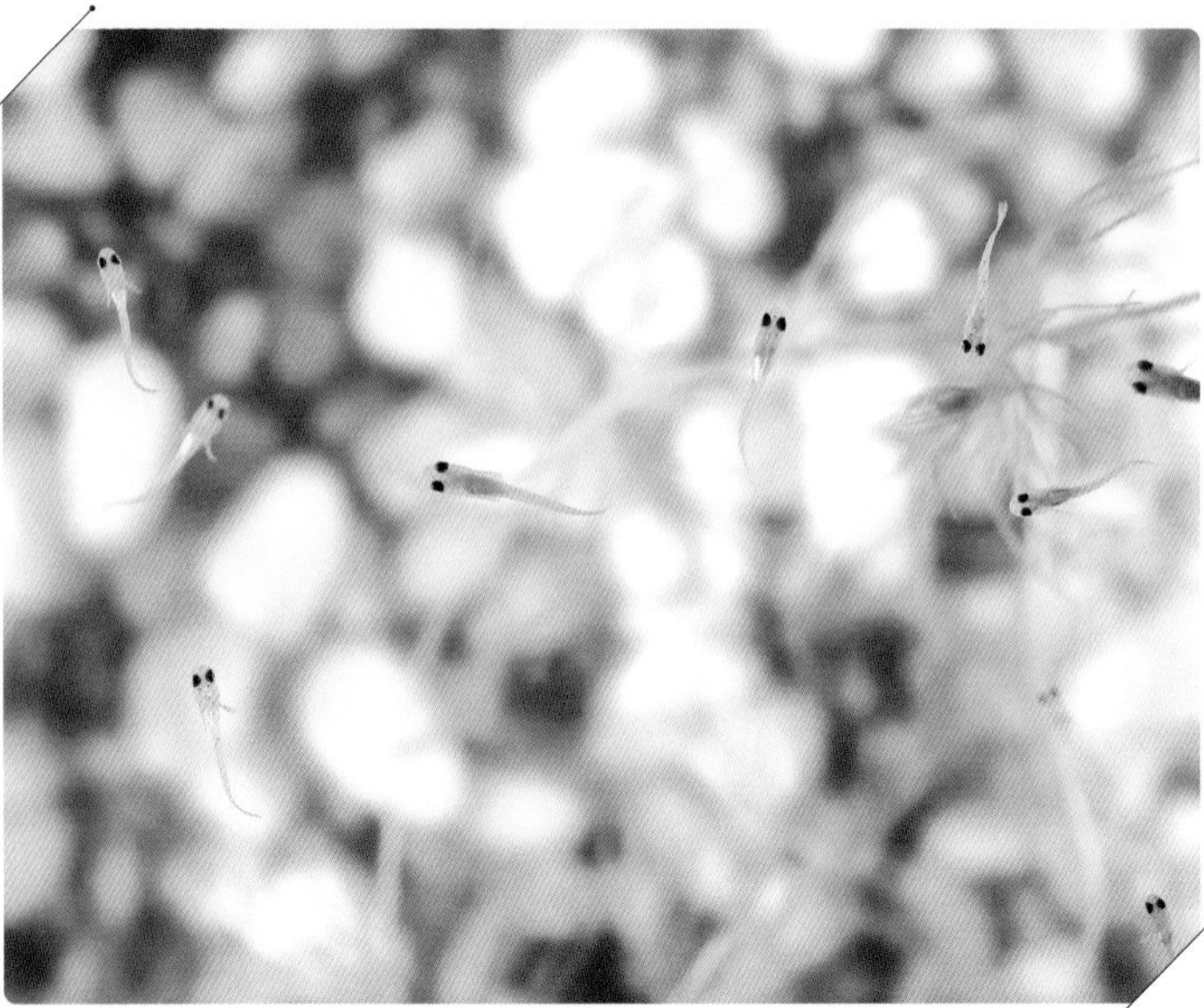
生まれて間もないメダカの稚魚は、成魚とはまったく異なる姿をしています。

●稚魚の期間の育て方がカギ

稚魚《ちぎょ》をどのように育てるか――。このことはメダカの繁殖の成否のカギを握る重要な問題です。稚魚は非常にデリケートな存在であり、ちょっとしたことで死んでしまうので、細心の注意を払って育てなければなりません。

メダカの稚魚の期間は約3ヶ月。ここではまず、その成長過程を簡単に紹介しましょう。

卵からフ化したばかりの稚魚はとても小さく、透明な体をしています。じっと目を凝らさないと、確認することもままなりません。フ化から3日ほど経つと、自らエサを探して食べるようになり、次第に大きくなっていきます。

そして1ヶ月～1ヶ月半ほどで、成魚の半分ほどのサイズに成長します。この頃の稚魚は、すっかりメダカらしくなっているでしょう。

さらに1ヶ月半経ち、フ化後3ヶ月になる頃、稚魚は晴れて成魚になります。なかには繁殖行動をとるものが出てくるなど、大人のメダカとして新たなサイクルに入ります。

稚魚の成長過程

❶フ化直後

卵からかえったばかりの稚魚は4～5㎜しかなく、目視するのも困難です

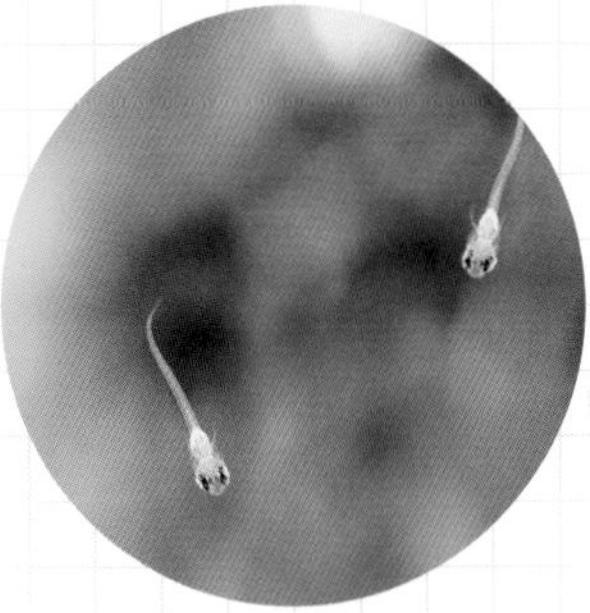

❷フ化後3日～14日ほど

フ化して3日ほどでエサを食べはじめ、体が少しずつ成長していきます

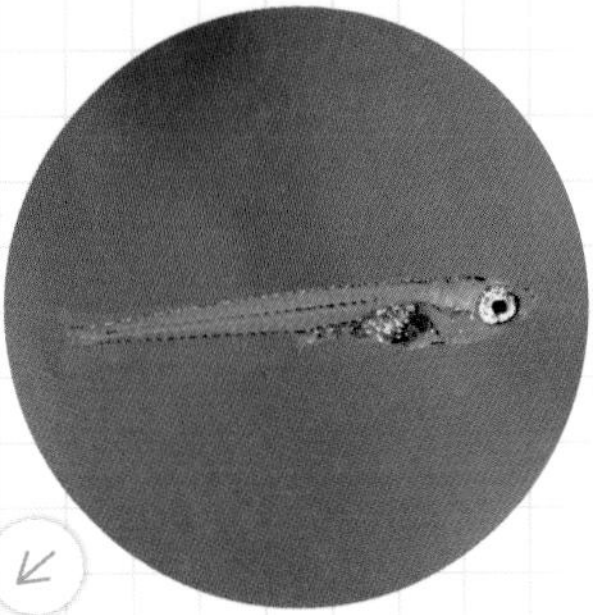

❸フ化後15日～1ヶ月ほど

メダカらしさが見受けられるようになりましたが、まだ1㎝に満たないサイズです

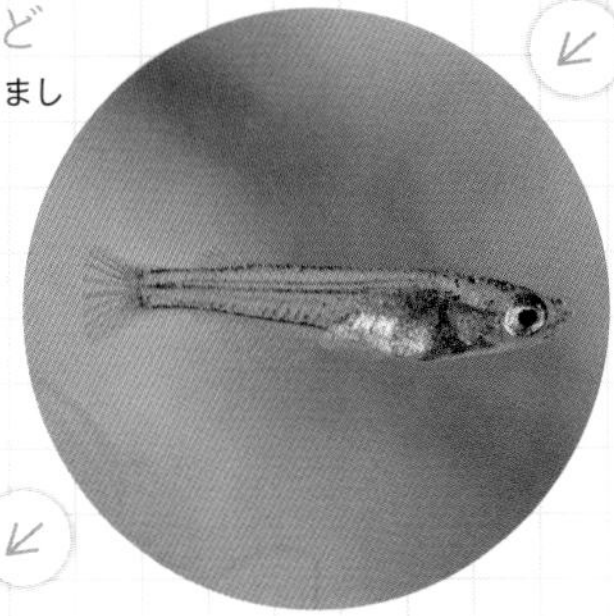

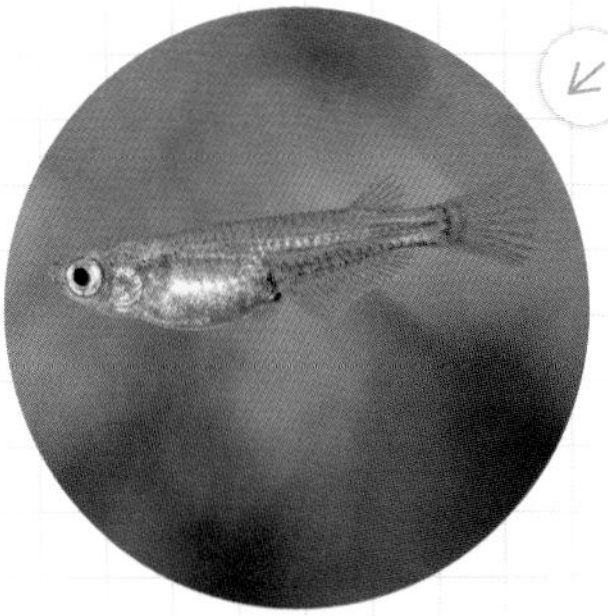

❹フ化後1ヶ月半ほど

フ化して1ヶ月半ほどで成魚の半分の1㎝くらいの大きさに成長。成魚になるまで、あと1ヶ月半ほどです

column

生まれた季節と成長速度

稚魚の成長速度は、室内飼育の場合はいつの時期の生まれでも大きく変わりません。しかし屋外飼育の場合は、季節によって変わります。春生まれのメダカより夏生まれのメダカのほうが早く成長するのです。これは水温の影響です。つまり水温が高い夏に生まれると、通常の3ヶ月より早い、2ヶ月ほどで成魚になるのです。

Point

- 繁殖を成功させるためには、稚魚の時期の育て方が重要。
- メダカは通常、フ化してから3ヶ月で大人のメダカになる。
- 屋外飼育の場合、夏生まれのメダカが早く成長する。

フ化直後の飼育法

針の先のような姿から、「針子」と呼ばれるメダカの稚魚。

フ化したばかりの「針子」にエサは不要

●エサはあげず、水換えもしない

フ化したばかりのメダカの稚魚は、サイズが4～5㎜ほどしかなく、透明な体をしているため、肉眼で確認するのも容易ではありません。体は骨や内臓が透けて見え、ヒレやウロコも未発達。何も知らなければ、それがメダカの子だとはわからないでしょう。この時期の稚魚は、針の先のような姿であることから、「針子《はりこ》」と呼ばれます。

「早く成長するように」と考えて、針子にエサをあげたくなるかもしれませんが、その必要はありません。フ化直後の針子は、腹部にぶら下がっているヨークサック（卵のう）から栄養を吸収して過ごすからです。フ化して3日ほど経つと卵のうがなくなり、自分でエサを探すようになります。

もうひとつ、この時期に気をつけるべきことは環境を変えないことです。環境とは、すなわち水です。

針子にとっては、生まれたときの水が心地よいもの。フ化してからしばらくは水換えをせず、水温を20℃以上に保って飼育してください。

フ化直後はココに注意

フ化直後のメダカの姿

大きさ：4～5㎜
ヨークサックから栄養を吸収します
透明で、骨や内臓が透けて見えます

ココ失敗しがち!

エアレーションは「弱」に！

1章で解説したように、卵を育てる際、酸素供給などの目的でエアレーションを使うことは間違っていません。しかし、針子にとっては問題ありです。針子はあまりにか弱い存在で、まだうまく泳げません。そのため強めに設定すると水流によって流され、体力を消耗してしまうのです。エアレーションを使うなら、必ず弱めに設定してください。水換えもできない状況で酸素不足が気になるなら、水草や浮草などの植物を入れる方法もあります。植物が光合成を行うことにより、水中にたくさんの酸素を供給してくれます。

エサをあげず、水換えもしない

針子はフ化してから3日ほどはエサを食べません。
この時期はエサをあげなくてOKです

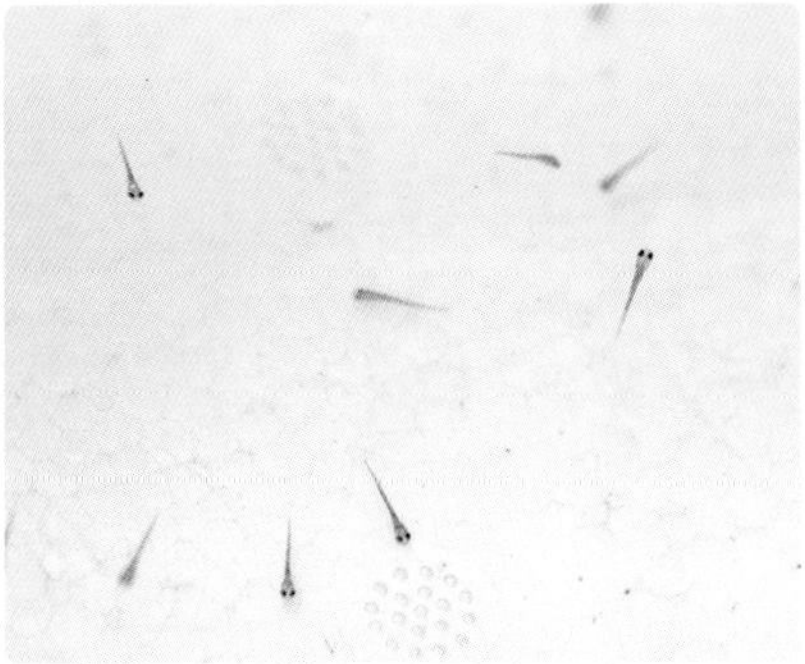

針子は水質に敏感なため、フ化してすぐの時期に水換えをすると、体調を崩してしまうことがあります。しばらくの間は、生まれたときの水のままで過ごさせてあげましょう

Point

- ☑ フ化してから3日ほどはエサをあげない。
- ☑ フ化してからしばらくの間は、水換えもしない。
- ☑ エアレーションの水流がストレスになるので「弱」設定に。

フ化後半月の飼育法

針子は泳ぐ力が弱く、水面近くをゆっくりと漂うように動いています。

食べ残しの処理と選別が生存率を大きく変える

●大きな稚魚は小さな稚魚をいじめる

針子はフ化してから3日ほど経つと、自分でエサを探して食べるようになります。このタイミングで稚魚用のエサを与えましょう（106ページ参照）。

口が小さく一度に食べられる量も少ないので、細かくすり潰したものを、複数回に分けて与えるのがコツです。

食べ残しをした場合、そのままにしておくと水が汚れ、水面は油膜のような状態になってしまいます。そうならないように、スポイトやティッシュペーパーなどを使って残ったエサを取り除きましょう。

もうひとつ、この時期に重要なのが選別です。フ化してから半月ほど経過すると、同じ針子でもサイズに差が出てきます。なかには早くも1㎝以上に成長し、針子を卒業する稚魚まで現れます。そうした稚魚は小さなものをいじめ、死なせてしまうケースもあるので、大きなものだけを選んで別の水槽で飼育するのです。選別をするのとしないのとでは、稚魚の生存率が大きく違ってきます。

針子卒業前の時期の注意点

食べ残しを処理する

食べ残し未処理の悪循環

❶エサをあげる

↓

❷食べ残しが発生

↓

❸水が汚れる

↓

❹針子が食欲不振に

↓

❺❶〜❹の繰り返し

↓

❻針子が死ぬケースも！

エサの食べ残しをみつけたら、スポイトやティッシュペーパーなどを使って取り除きましょう。水面に浮いているものはティッシュペーパーを浮かべて吸収し、水底に沈んでいるものはスポイトで吸いとります

選別を行う

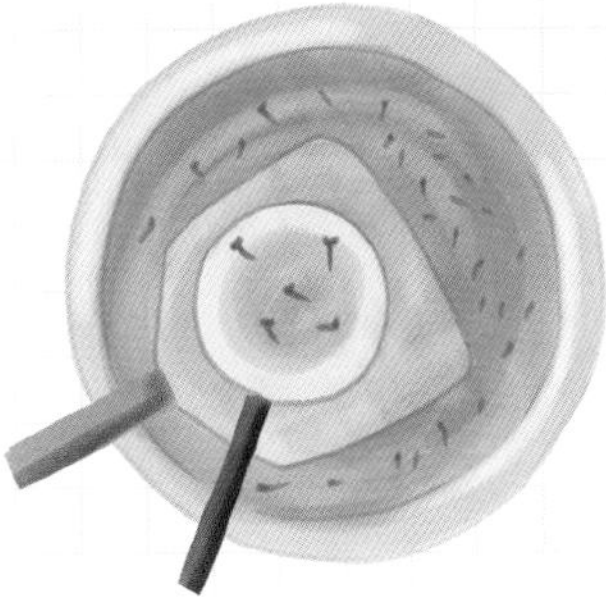

針子のなかから、とくにサイズの大きいものを網ですくい上げます

→

すくい上げた大きな針子を別の水槽に移動。これ以降はこの水槽で育てます

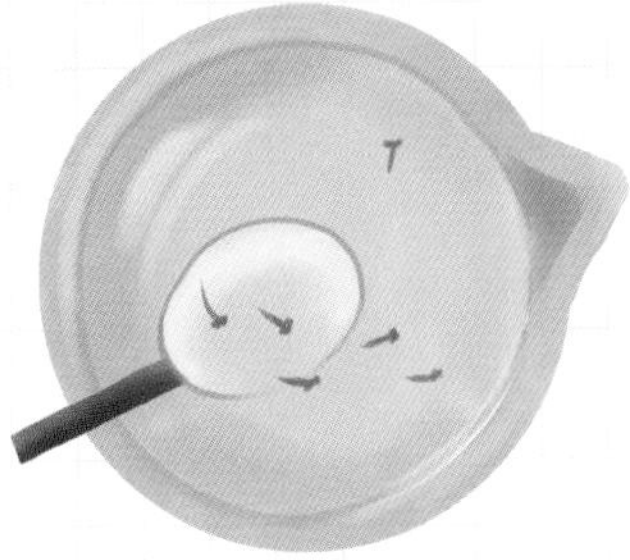

Point

- ☑ 口の小さな針子には、細かくすり潰したエサを与える。
- ☑ 水質が悪化しないように、食べ残したエサを掃除する。
- ☑ サイズの選別を行い、大きなものは別の水槽に移して育てる。

フ化後1ヶ月の飼育法

過密飼育にならないよう十分に注意する

ある程度、稚魚が成長してきたら、飼育空間の密度に気を遣いましょう。

●針子を卒業してメダカらしくなる

フ化してから1ヶ月ほど経った稚魚は、すっかりメダカらしい姿になっています。体の大きさはまだ1㎝に満たないかもしれませんが、ヒレが発達して、泳ぎが上達しています。もうエアレーションの水流に流されてしまうこともないでしょう。

この時期に注意すべきことは何かというと、過密飼育です。稚魚が大きく成長したことにより、水槽のなかのメダカの密度が高まっています。過密状態のままでは水質が悪化してしまううえ、過密度合いがあまりに酷いとストレスによって死んでしまいます。水質悪化は水換えの頻度を増やすことで防ぎ、過密状態は水槽を大きくするか、水槽の数を増やしてメダカを分けるかして回避します。

また、これまで20℃以上に保っていた水温は、少し下げて15℃以上をキープすれば大丈夫です。一定以上のサイズに成長した稚魚は、ある程度の低温にも耐えられるようになるのです。

「過密」は危険

フ化後１ヶ月のメダカの姿

大きさ：6〜8㎜
体：ヒレが発達し、泳ぎが上手くなる

半月頃の稚魚の密度

多数の稚魚が同じ水槽のなかで飼育されていても、それほど密にはなっていません

１ヶ月経った頃の稚魚の密度

稚魚の体が成長して大きくなると、過密度合いがアップし、水質悪化やメダカのストレスを招きます

危険！		対策
❶ 水槽内の稚魚の密度が高まり、水質が悪くなる	→	❶ 水換えの頻度を増やし（週に1〜2回くらい）、水質の悪化を防ぐ
❷ 水槽内の稚魚の密度が高まり、稚魚がストレスフルになる	→	❷ 水槽を大きくしたり、水槽の数を増やしてメダカを分けて過密状態を回避する

Point

- ☑ フ化から１ヶ月もすると、メダカらしい姿になる。
- ☑ 針子時代には問題にならなかった過密飼育に気をつける。
- ☑ 飼育は水質の悪化やメダカのストレスにつながる。

フ化後1ヶ月以降の飼育法

1㎝を超えたら親と同じ水槽で飼育する

稚魚が1㎝以上に成長したら、大人たちと同じ水槽で飼育しましょう。

もう少しで成魚になる段階

メダカの稚魚は、1ヶ月～1ヶ月半ほどで成魚の半分の1㎝くらいに成長します。普通のエサを食べ、身体的特徴もますますはっきりしてきます。成魚になるまで、あと1ヶ月半ほどでしょうか。メダカは寿命が短い分、すさまじい早さで成長するのです。

そしてサイズが1㎝を超えたら、フ化用水槽から成魚と同じ水槽に戻すことも可能です。それくらいの大きさになれば、成魚に食べられてしまうこともないからです。タイミングを見て選別を行い、成魚と同じ水槽に移しましょう。

ただし、赤い目をしたアルビノメダカに関しては注意しなければいけません。アルビノメダカは視力がやや悪く、エサを探して食べるのに時間がかかります。また、体質が弱く成長が遅い性質もあります。そうした点を考慮して、1㎝以上になっても成魚と同居させず、完全に大人になるまで稚魚だけで飼育し続けてください。品種の特性に応じた対応が必要になってきます。

成魚と合流させる

フ化後１ヶ月半のメダカの姿

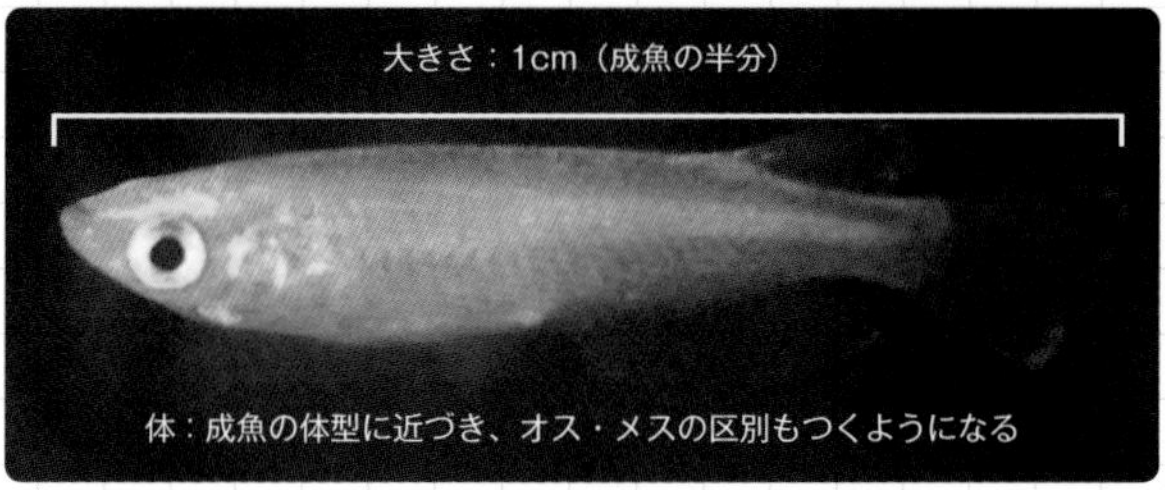
大きさ：1cm（成魚の半分）
体：成魚の体型に近づき、オス・メスの区別もつくようになる

❶水温を合わせる

水の温度差でショックを受けないよう、もとの水槽の水温と移動先の水槽の水温を同じに調整してください

❷水草を増やす

ほぼ成魚とはいえ、稚魚の体は大人の半分。水草によって稚魚が守られ、安心してエサを食べられます

❸稚魚を移す

成魚が入っている水槽に稚魚を入れます。これが大人の仲間入りの第一歩となります

ココ失敗しがち!

移動後の見守りを忘れずに

たくさんの成魚が生活している水槽に、新入りとしてやってきた稚魚。この稚魚が成魚に攻撃されたり、エサを確保できなかったりする可能性もありえるので、そのままにしておいてはいけません。移動後しばらくの間は、稚魚が新しい環境に適応できているかどうか、注意して見守ってあげるようにしましょう。

Point

- 稚魚は1ヶ月～1ヶ月半ほどで1cmくらいまで成長する。
- 1cm以上になったら、成魚と一緒の水槽で飼育しても大丈夫。
- 稚魚を成魚と同じ水槽に移したら、しばらく見守る。

稚魚のエサ①

人工飼料を少しずつ、複数回に分けて与える

少量をこまめに与えるのがエサやりのコツです。

●メダカは「食いだめ」ができない

メダカのエサは、人工飼料と活餌《いきえ》（108ページ参照）に大別することができます。稚魚を育てる際には両方を上手に活用すると、効率的に成長させることができます。

フ化から3日ほど経ってエサを食べるようになったら、まずは人工飼料を与えるのがよいでしょう。市販の人工飼料は栄養バランスに優れ、水面に浮くようにつくられています。稚魚用は一般的にパウダー状になっているため、小さな口でも食べやすく、成長促進につながります。

粒が大きすぎて食べにくいようであれば、すり潰してから与えてください。最近では産卵を促進したり、体の発色をよくしたりするものなども売られています。

人工飼料を与えるときのコツは、少量をこまめに与えることです。メダカは体の構造上、「食いだめ」ができず、常にエサをほしがっている魚だからです。食べ残しを大量に出さないように注意しながら、少しの量を複数回に分けて食べさせるようにしましょう。

人工飼料の与え方

稚魚の特徴をふまえる

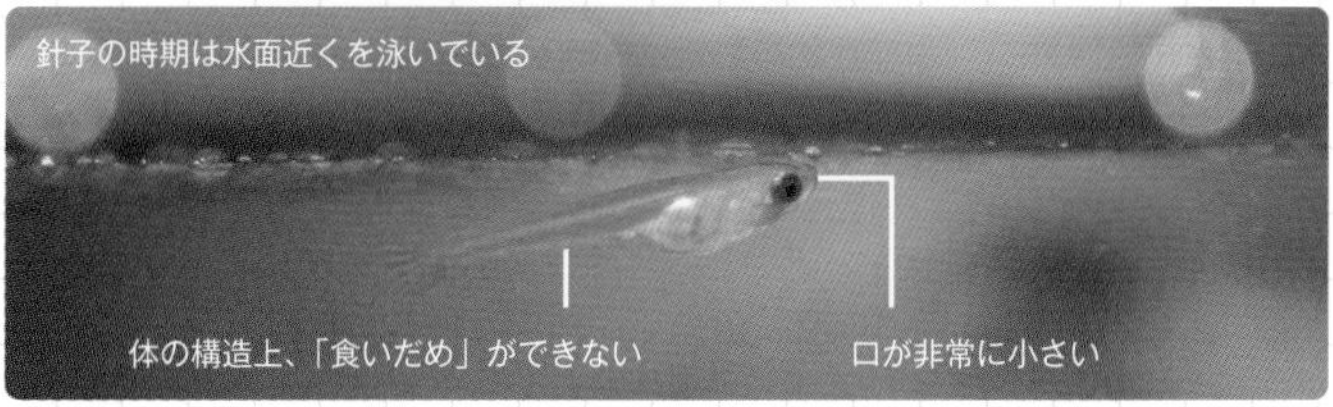
針子の時期は水面近くを泳いでいる
体の構造上、「食いだめ」ができない
口が非常に小さい

水面に浮くエサを、少しずつ複数回に分けて与える

針子のうちは粒子の細かいパウダー状のものを与える

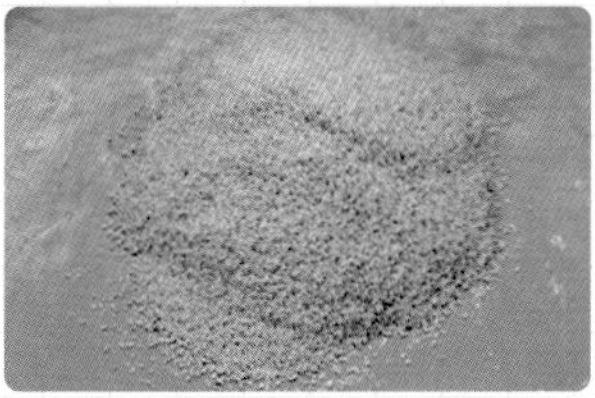

ある程度大きくなったら、粒子の大きいものでも大丈夫

粒子が大きすぎる場合は、乳棒などを使ってすり潰す

ココ失敗しがち!

エサのやりすぎは死を招く！

稚魚に早く成長してほしくて、つい大量のエサを与えてしまう人がいますが、エサを食べすぎたメダカは消化不良を起こして病気になることがあります。また、食べきれなかったエサが腐敗したり、排泄物が増えたりして水質の悪化にもつながります。こうした状況がメダカを死に追いやることになるので、エサのやりすぎには注意しましょう。

Point

- ☑ メダカのエサには人工飼料と活餌がある。
- ☑ 基本は人工飼料を使い、少量をこまめに与えるようにする。
- ☑ エサを与えすぎると、メダカの健康に害を及ぼす。

稚魚のエサ②

人工飼料だけでなく活餌も与えて成長を促進

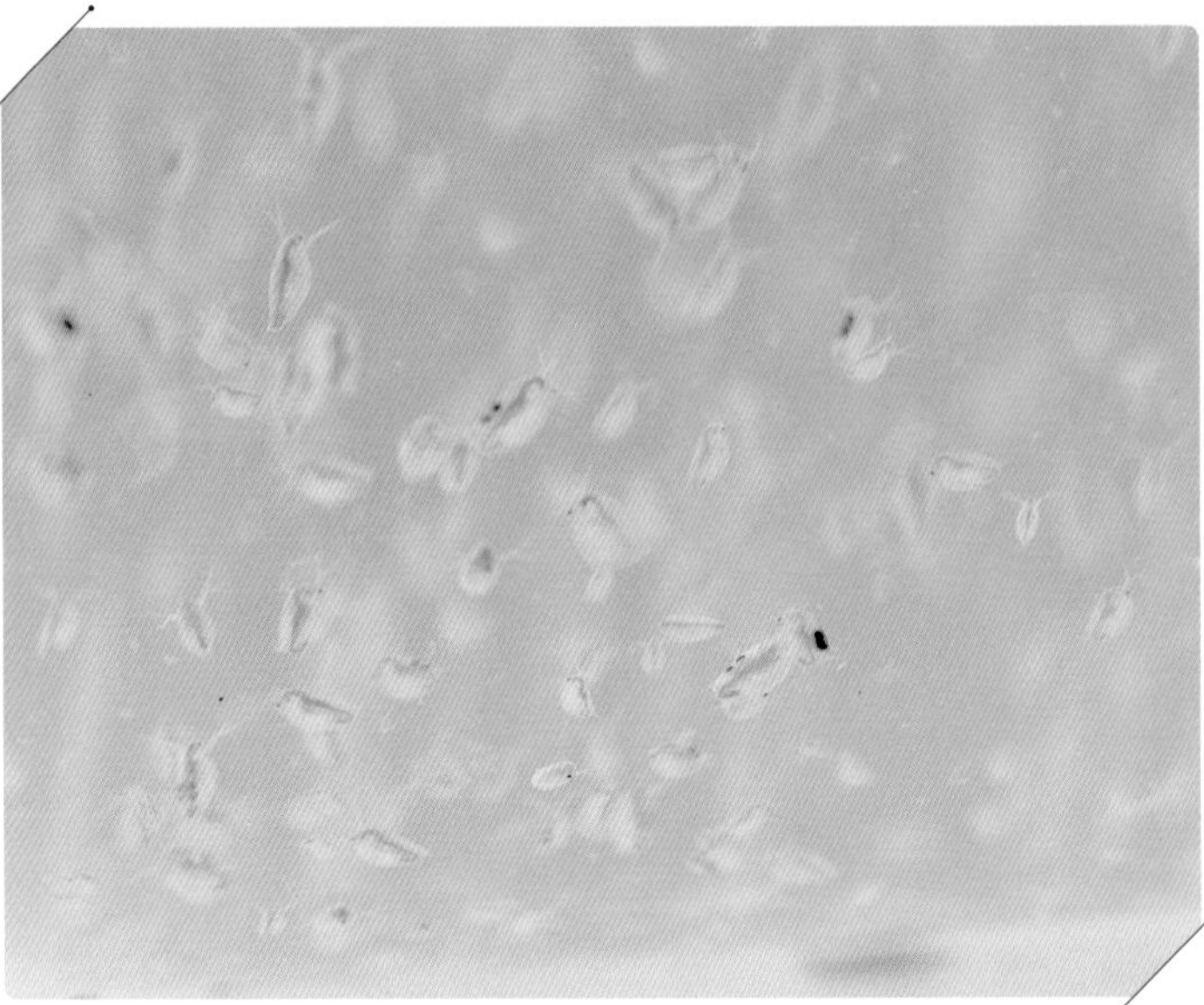

ミジンコはメダカの稚魚にとって万能なエサといえます。

ミジンコを与えるメリットとは？

人工飼料とともに稚魚のエサとして利用したいのがミジンコ、ブラインシュリンプ、ゾウリムシ、アカムシなどの活餌です。活餌は人工飼料に比べると高価で保存方法も面倒ですが、栄養分が豊富なうえ、従来のエサに飽きたメダカの食いつきがよいというメリットがあります。

そんな活餌のなかで、ある程度大きくなった稚魚におすすめなのがミジンコです。

ミジンコは体長1～2.5㎜のプランクトンで、全国各地の田んぼや湖沼に生息しています。針子のうちはサイズ的にミジンコを捕食するのは難しいですが、成魚の半分くらいまで成長すれば捕食可能になります。

栄養豊富なミジンコを与えることによって、稚魚の成長速度アップが期待できます。また、人工飼料のように食べ残しによる水質の悪化を心配する必要もありません。

最近では人工培養のノウハウも知られるようになってきているので、挑戦してみるのもよいでしょう。

ミジンコをエサにする

いろいろな活餌

イトミミズ

水底の泥中に生息するミミズ。水中でゆらめく姿がメダカの食欲を刺激するといわれます

アカムシ

ユスリカの幼虫です。乾燥させたり、冷凍させたりした加工品がよく市販されています

ミジンコ

体長1～2.5㎜のプランクトン。田んぼや湖沼に生息しています

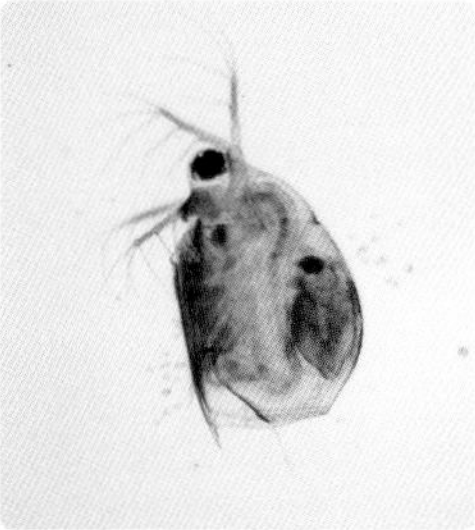

ブラインシュリンプ

栄養価の高い、小さな甲殻類。卵を購入し、フ化させて利用します

ゾウリムシ

ミジンコよりも小さな微生物で、栄養価が高いです

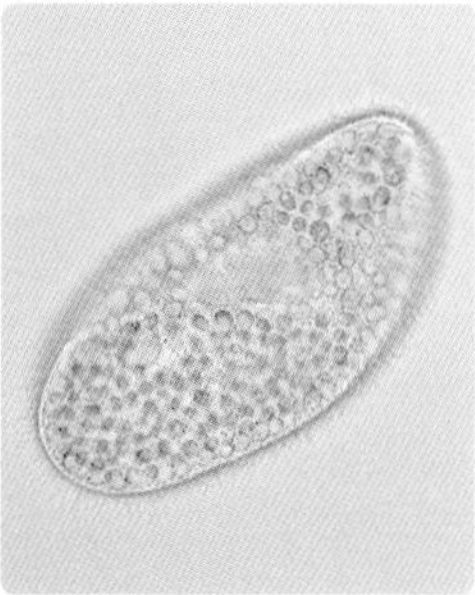

ミジンコの優れた点

- 栄養価が高く、稚魚の成長を促してくれる
- 簡単に捕獲できる。人工培養も可能
- 水槽で繁殖行動を行い、勝手に増えていく
- メダカが食べ残しても、水質を悪くすることがない

↓

成魚の半分くらいまで成長した稚魚にとって、ミジンコは最適な活餌！

column

活餌は水槽の掃除屋

人工飼料の場合、メダカが食べ残すと水槽の水質を悪化させてしまいます。一方、活餌はメダカに食べ残されたとしても生き続けて腐敗しないので、水質を悪化させることがありません。大量死した場合は水質を悪化させてしまいますが、それがなければ活餌のメリットは大きいのです。

Point

- ☑ 人工飼料だけでなく、ミジンコなどの活餌を与えるとよい。
- ☑ 活餌は栄養価が高く、メダカの成長促進につながる。
- ☑ ミジンコは人工培養が広く行われている。

プラスα

ミジンコの培養法

活餌のなかでもっとも優れたものはミジンコです。栄養価が高く、稚魚が好きなときに好きなだけ食べられるうえ、食べ残しても水質を悪化させる心配がありません。そんなミジンコが自家で簡単に培養できる方法を紹介します。

① 種ミジンコを用意する

増殖させる“種ミジンコ”を用意します。ペットショップなどで販売しているものを購入し、種ミジンコとしてください。卵の状態で売られている場合は、フ化させて使います。オオミジンコ、タマミジンコ、タイリクミジンコなどがおすすめです。

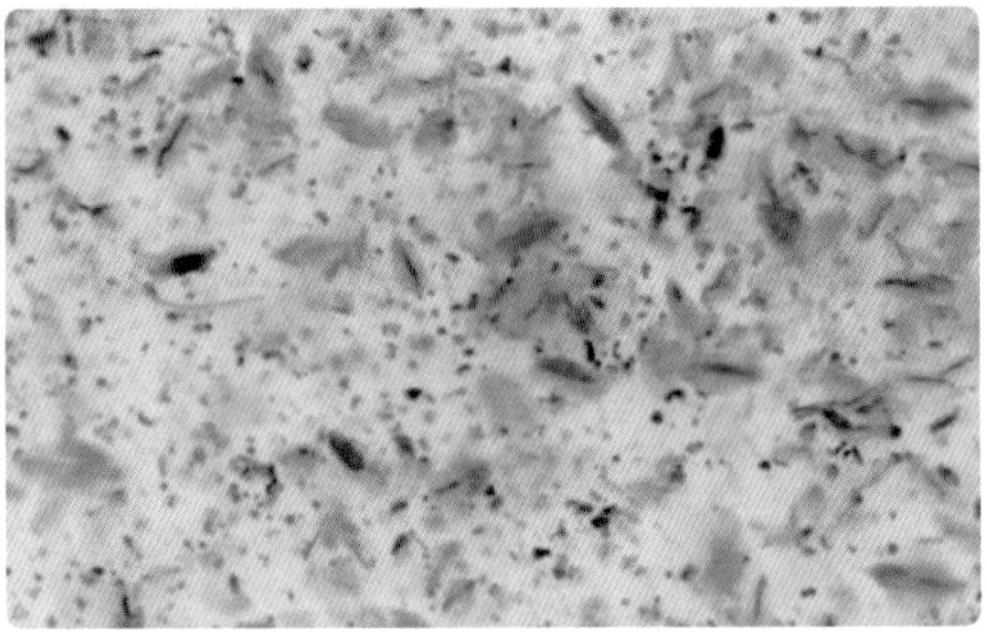

【ミジンコの主な種類】

- オオミジンコ：中国原産のミジンコ。体長 2 ～ 5㎜に成長する大きな種です
- タマミジンコ：体長 1㎜ほどの小さなミジンコ。体が丸く、殻が柔らかいのが特徴です
- タイリクミジンコ：体長 2 ～ 4㎜。ほかのミジンコより寿命が長く、産卵数が多いため、増殖させやすい種です

ココ失敗しがち!

自然下で採取するのは危険

ミジンコは全国各地の田んぼや川、湖沼などに生息しています。水深の浅いところにおり、よく見ると姿を確認できるので、バケツなどですくえば簡単に採取することができます。しかし、自然下のミジンコを採取して培養するのはリスキーです。ミジンコを採取する際、メダカの稚魚を捕食するヒドラのような生き物を一緒にとってしまうことがあるからです。安全性を考えるなら、市販のミジンコを種親にしたほうがよいでしょう。

② 種ミジンコを繁殖させる

大きめの容器で育てる

バケツのような大きめの容器に水を入れ、園芸用の発酵鶏糞を溶かします。発酵鶏糞の量は水 10ℓ に対して 10g ほどが目安です。

そのまま 1 週間ほど放置します。水の上澄みをすくってみて、ウーロン茶程度の濃さになっていたら、種ミジンコを入れてください。

ミジンコはどんどん増えていきます。ただし増えすぎて過密状態になると、酸素不足のせいで全滅する危険もあるため、ある程度増えたら、網ですくって別の容器に移します。1 つの容器あたりのミジンコの数を制限することが大切です。

ペットボトルで育てる

種ミジンコを入れるまでの工程は、大きめの容器で育てるケースと同じです。

2 日に 1 回くらいのペースで手入れを行います。ペットボトルのフタを開けてボトルを軽く揺すった後、いったんフタを閉め、上下逆さまにして何度か攪拌します。そして再びフタを開けて軽く揺すり、フタを閉めます。

ミジンコが増えたら過密状態を回避するため、ミジンコを水ごと別のペットボトルに移します。もとのペットボトルには、鶏糞溶液の上澄みを補充しておきます。この作業を繰り返していると、ペットボトルがどんどん増えていきます。

グリーンウォーター

屋外飼育の場合は、ぜひ活用したい便利な水

グリーンウォーターは文字どおり「緑の水」。栄養価が高く、稚魚の成長を促進します。

●植物性プランクトンが成長を助ける

稚魚を屋外で飼育する場合は、グリーンウォーター（青水）を利用するのもひとつの手です。

グリーンウォーターとは、植物性プランクトンが繁殖して緑化した状態の水のこと。微小な植物性プランクトンはメダカのエサになります。定期的に与えられるエサ以外にいつでも口にできるものが周囲にたくさんいるわけですから、稚魚の成長が速まります。しかも、植物性プランクトンはメダカの糞に含まれる成分を栄養分として吸収するため、水がきれいになるというメリットも期待できます。

グリーンウォーターのつくり方は、それほど難しくありません。メダカの飼育水を日がよく当たる場所に置き、10日〜2週間くらい放置しておくと、グリーンウォーターになりやすいです。あるいは、市販のクロレラ（緑藻類の一種）を水道水に混ぜて増殖させる方法もあります。

酸素不足や水温上昇を引き起こしやすいのが欠点ですが、それを除けば育成に最適な水といえるでしょう。

グリーンウォーターを活用する

グリーンウォーターのメリット・デメリット

グリーンウォーターは植物性プランクトンが繁殖して緑化した水。汚れているように見えますが、栄養価は抜群です

メリット

- 植物性プランクトンが稚魚の成長を促す
- 稚魚がいつでもエサを得ることができる
- メダカの糞を吸収し、水をきれいにしてくれる

デメリット

- 酸素不足になる恐れがある
- 水温が上昇しやすい（とくに夏は危険）
- 水槽のなかが見えないので、観賞に向かない

グリーンウォーターのつくり方

飼育水を利用する

やや多めのメダカを底砂なしの容器で飼育していると、水が緑化しやすいです。その水を日当たりのよい場所に10日～2週間くらい放置しておきます

クロレラを利用する

緑藻類のクロレラを水道水に混ぜると、すぐにでき上がります

Point

- ☑ グリーンウォーターは栄養価が高く、稚魚の成長を促す。
- ☑ グリーンウォーターの正体は植物性プランクトン。
- ☑ 水道水を放置しておくだけで、自然にでき上がる。

稚魚の水換え

デリケートな稚魚だから水換え時にはココに注意

エサの成分などタンパク質から水面に発生する泡や膜。これは水の汚れを示しています。

●水と一緒に稚魚を捨てないように！

メダカの飼育において、水換えは欠かせません。汚れた水で飼い続けていると、病気になったり、死んだりします。成魚の水換えは序章で紹介しましたが、ここではフ化前と稚魚の水換えについてまとめておきましょう。

卵のときは、水の汚れを感じたタイミングで水換えを行います。定期的な水換えで、よい水質を維持してください。フ化後しばらくは水換えをせず、生まれたときの環境をキープしてあげます。稚魚はとても敏感なので、少しの水質変化でもショックを受けてしまいます。

そして落ち着いてきた頃、水の状態を見て水換えを行います。水面に浮かぶ食べ残しや油膜、底に沈んだ食べ残しや糞などをスポイトやティッシュペーパーで取り除いてください。その際、小さな稚魚を一緒に捨ててしまわないように気をつけましょう。

成魚の半分くらいの大きさに成長したら、頻度もやり方も成魚と同じようにして大丈夫です。

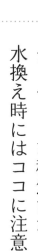

卵・稚魚のときの水換え

水換えしても大丈夫な時期

フ化前

卵のときは水が汚れたら水換えを行うようにし、よい水質を維持します

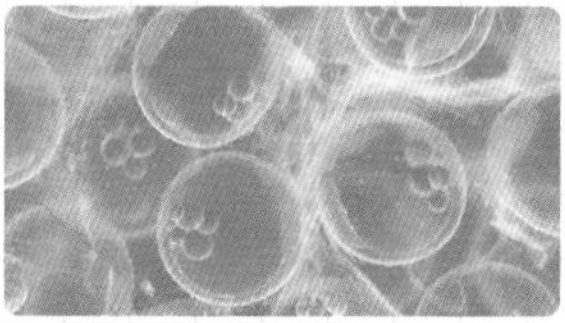

フ化してしばらく経った頃

エサやりを続けていると、必ず水が汚れます。定期的に水換えをしましょう

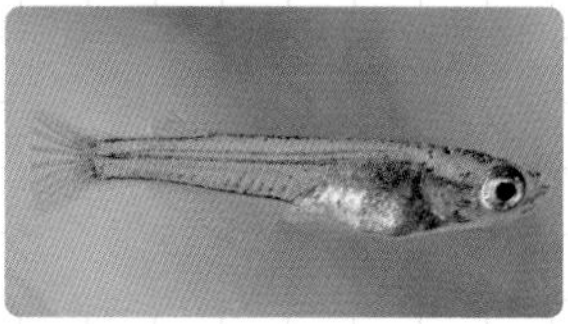

成魚の半分くらいになった頃

定期的な水換えのほか、エサの食いつきが悪くなったときや個体数が増えたときなどに水換えによって水質を改善します

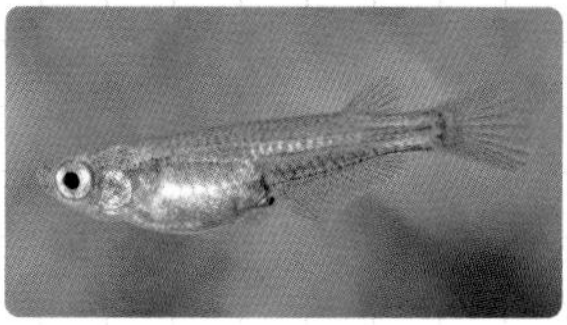

水換えを控えたい時期

フ化直後

卵からかえったばかりのときは、水換えを控えて生まれたときの環境を維持します

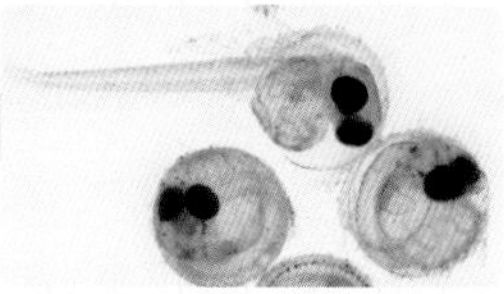

稚魚の水換えのコツ

❶タイミング

水質が明らかに悪くなる前、やや汚れてきたかなというタイミングで水換えを行う

❷ゴミ掃除を先に

水面に浮かぶ食べ残しや油膜、底に沈んだ食べ残しや糞などをスポイトやティッシュペーパーで取り除いた後、水換えを行う

ココ失敗しがち!

稚魚を捨てないで！

水換えの際にやってしまいがちなのが、水と一緒に稚魚をすくって捨ててしまうミス。水の出し入れに集中するあまり、稚魚の存在を忘れてしまうのです。水換えが終わったら数匹減っていた、といったことにならないように、十分に気をつけて作業をしましょう。

Point

- ☑ 卵のときには水が汚れたら水換えを行う。
- ☑ フ化直後は水換えを控え、しばらくしたら定期的に行う。
- ☑ 水換えを行う際には、ゴミの掃除を先に済ませる。

稚魚の病気チェック

異常を見つけたら病気を疑ってみる

水面を漂っている稚魚。稚魚も成魚同様、病気にかかることがあります。

稚魚も病気になる

メダカの稚魚の死因としては、餓死、暑さ・寒さにともなう水温変化、水質悪化などが多いといわれています。そのほか、病気で死んでしまうことも少なくありません。

水面付近を漂っている、水槽の底でじっと動かずにいる、体に傷がある、成長速度が遅い……。そうした様子を見かけたら、病気を疑ったほうがよいかもしれません。

60ページで紹介したメダカの病気のうち、稚魚に多い病気のひとつが水カビ病。体やヒレに白い綿のようなものが出てくる病気です。体表の傷口から水カビ菌が入ることで感染しますが、稚魚の場合は日光浴が足りないと発症しやすいともいわれています。

水カビ病になってしまった稚魚の治療法は、成魚と同じです。その稚魚を別の容器に移し、0.5％濃度の塩水浴か、市販の薬で薬浴をさせます。そして、もといた水槽の水を捨てて洗浄し、新しい水を用意してください。水槽を日当たりのよい場所に置いておくと予防になります。

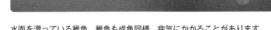

か弱い稚魚を守る

稚魚の主な死因

餓死
エサが足りなかったり、きちんと食べられなかったりすると餓死してしまいます。

病気
稚魚も病気にかかります。ストレスで免疫力が落ちたり、病原菌や寄生虫に感染したりして病死する稚魚は少なくありません

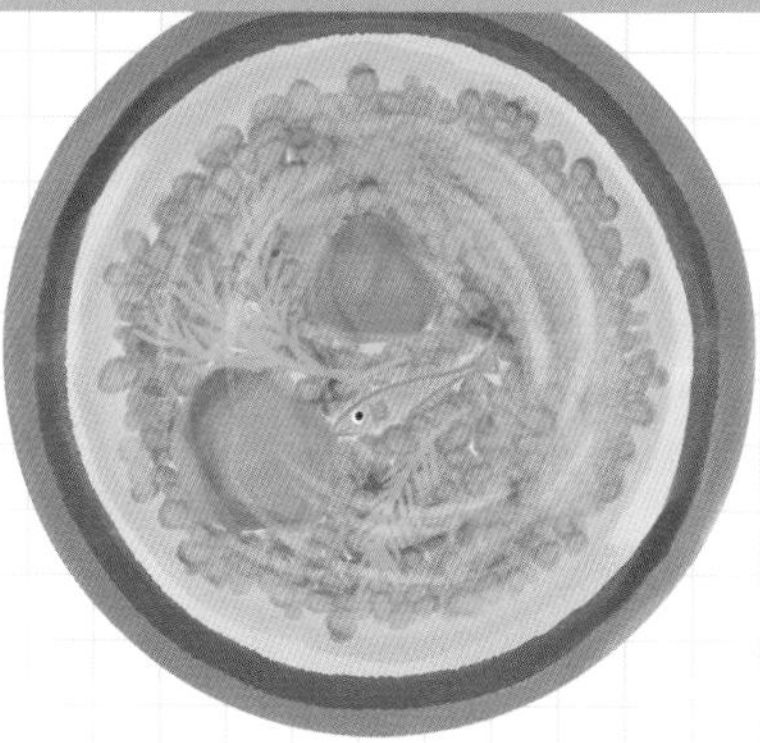

水温変化
稚魚は水温の変化に弱いため、朝と夜の水温変化などでやられてしまいます。とくに水量の少ない水槽は、水温変化が大きくなります

水質悪化
エサの食べ残しや糞などによって水質が悪化すると、稚魚の命にかかわります。水質悪化が酸欠を招くこともあります

稚魚の健康チェックリスト

健康な稚魚
- ☐ 元気に泳いでいる
- ☐ 飼い主が近づくと寄ってくる
- ☐ 体に色ツヤがあり、傷などがない
- ☐ エサにすぐ反応する
- ☐ 着実に成長している

不健康な稚魚
- ☐ あまり泳がない
- ☐ 底のほうでじっとしている
- ☐ 体に傷などがある
- ☐ エサを食べない
- ☐ 成長速度が遅い

いくつか当てはまれば、病気の可能性アリ

ココ失敗しがち！

病気の稚魚を放置しない
稚魚は成魚と違って小さいため、体に現れる病気の症状を発見するのは容易ではありません。しかし、それを見逃してしまうと病気が進行し、ほかの稚魚にまで感染が広がって、最悪の場合は全滅という事態にまで発展することもあります。いち早く見つけ、見つけたら隔離して薬浴するなどの処置を施してください。放置してはダメです。

Point

- ☑ 稚魚は餓死、水温変化、水質悪化、病気で死ぬことが多い。
- ☑ 1匹が病気になると、健康な稚魚に感染拡大することもある。
- ☑ 病気の稚魚を見つけたら、すぐに適切な処置を施す。

気になる Q & A

Q 針子を大きく育てるにはどうすればよい？
A 大きな水槽で飼育する方法があります。

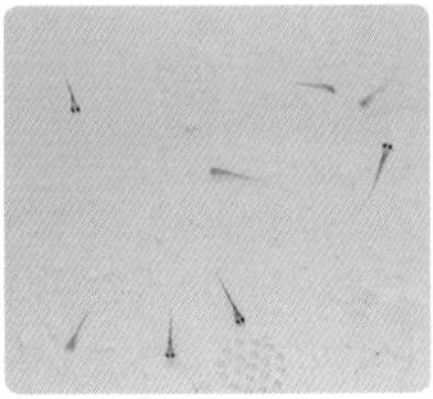

針子は小さな水槽でたくさん飼われている状況に置かれると、成長速度が鈍ります。大きな水槽に移して過密状態を避けると、早く、大きく成長する傾向があります。

Q ほかに、針子の成長を早める方法はある？
A 常にエサを食べられる環境をつくることです。

メダカがいつもエサを食べられるような環境をつくってあげると、針子の成長が早まります。1回に与えるエサの量を増やすと、食べ残したときに水質を悪化させてしまうので、1日に複数回エサをあげるのがベターです。それが難しければ、ミジンコやグリーンウォーターを利用する手もあります。

Q どうすれば、針子が死ぬのを防げる？
A とくにエサ不足に注意してください。

針子の死因としては、水質悪化、水温変化、餓死などが挙げられます。とくに多いとされているのが餓死です。エサやりの回数や量が少なく、十分に食べられなかったり、針子の小さな口にエサの大きさが合わなかったりすると、餓死に至るケースが見受けられます。

Q 稚魚の食欲が落ちた気がする……。
A 水質や水温の問題かもしれません。

育ち盛りの稚魚は、食欲旺盛なのがふつうです。それにもかかわらずエサを食べなくなったというのであれば、たとえば水質の悪化が考えられます。食べ残しなどが原因で水質が悪化していそうなら、水換えをしてみましょう。また、メダカは変温動物なので、水温が下がると食欲も落ちます。とくに屋外飼育の場合は、その可能性を検討してみるとよいかもしれません。

Q 光合成細菌ってなに？
A エサになるバクテリアです。

稚魚の成長を促進したい、生存率を上げたいという場合、光合成細菌（PSB）を使う方法もあります。光合成細菌はバクテリアの一種で、アミノ酸やビタミンなどの栄養素が多く含まれています。これをエサとして用いると、稚魚の成長が促進されるうえ、水質浄化作用も期待できます。ペットショップなどで取り扱っているので利用を考えてみるとよいでしょう。

Q オスとメスの出生率は違うものなの？
A 環境によって変化するようです。

稚魚が成長してオス・メスを判別したとき、どちらかの性別が極端に多くなっていることがあります。こうした偏りは、気温や水温が原因のひとつではないかといわれています。卵がフ化するまでの間の気温が低いとメスが多く生まれ、逆に高いとオスが多く生まれるとされています。

増えない原因、失敗チェック

稚魚の期間は、メダカの成長にとって重要です。ここでの育成法が、健康で元気な成魚になれるかどうかの分かれ道になります。3章の最後に、稚魚の育て方のおさらいです。

□ 稚魚が成魚になるまでにどれくらいかかるか知っているか？

➡ 卵からかえった稚魚が成魚になるまでに、だいたい3ヶ月かかります。成長過程で注意すべきポイントが異なるので、いま育てているメダカがフ化後どれくらいなのかを忘れてはいけません。

□ フ化したばかりの時期に水換えをしていないか？

➡ フ化したばかりの針子は、生まれたときの水を心地よく感じています。なので、しばらくは水換えを行わず、その環境で育ててあげてください。

□ フ化後半月ほど経った頃、きちんと選別をしたか？

➡ フ化して半月ほど経つと、小さな針子、大きな針子と、サイズに差が出ていきます。それらを同じ水槽で育てていると、大きなものが小さなものを攻撃することがあるので、選別して分けて飼育する必要があります。

□ フ化後1ヶ月ほど経った稚魚を過密飼育していないか？

➡ フ化して1ヶ月ほど経つと、稚魚が大きくなったぶん、水槽内が過密状態になります。それによって稚魚にストレスが生じるので、容器を大きくするなどして過密を解消してあげましょう。

□ 早い段階で成魚と同じ水槽に入れていないか？

➡ フ化して１ヶ月半ほどして、成魚の半分くらいの大きさになったら、成魚と同じ水槽で飼って大丈夫です。しかし、その前に同居させてしまうと、成魚に攻撃されたり、食べられたりする可能性があります。

□ 稚魚へのエサのやり方は適切か？

➡ 食べたいときにエサがある状態にしてあげると、稚魚は早く、大きく成長するので、エサは複数回に分けて与えるのがおすすめです。ただし与えすぎると、水質を悪化させてしまうので注意が必要です。

□ 活餌やグリーンウォーターを効果的に使えているか？

➡ ミジンコやゾウリムシなどの活餌、グリーンウォーターは栄養分が豊富な優れもの。人工飼料とともに与えるようにすると、成長速度が早まります。

□ 正しいタイミングで水換えをしているか？

➡ 水換えには控える時期と、積極的に行う時期があります。通常は水の汚れに気づいたら行いますが、フ化直後は控えるようにしてください。

□ 病気を見逃していないか？

➡ 稚魚も病気にかかります。早期発見と予防に努めましょう。

4章

改良品種のつくり方

メダカをただ増やすだけではなく、より美しい個体をつくりたい、これまでにない個体を生み出したいという人も多いはず。作出までの道のりは山あり谷ありになりますが、ここでは系統維持や品種改良を行ううえでの基本的な方法を紹介します。

メダカのタイプ①

品種改良で増えていった体型のバリエーション

クロメダカから突然変異で生まれたヒメダカ。普通種体型のメダカの代表格です。

●普通種体型から生まれた多様なタイプ

現在、日本ではさまざまなメダカが販売され、多くの愛好家によって飼育されています。もとは、いまも田んぼや小川などに生息するニホンメダカ（クロメダカ）だけでしたが、長年にわたる品種改良の結果、多様なタイプのメダカが生み出されたのです。

日本のメダカのプロトタイプであるクロメダカをはじめとして、メダカ本来の体型をもっているのが「普通種体型」と呼ばれるタイプ。飼育や繁殖をしやすいのが特徴です。

光沢が背中に見られる「ヒカリ体型」は、背ビレと尻ビレが同じ形で、尾ビレが菱形になっています。ヒカリ体型同士で繁殖させると、子の99%がヒカリ体型で生まれることも知られています。

縁起物のダルマのように丸みを帯びているのが「ダルマ体型」と呼ばれるタイプ。普通種体型より背骨の数が少なく、胴がつまっているため、こうした形になっています。泳ぎが下手で、水質や水温の変化に敏感とされています。

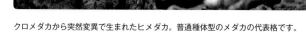

3つの基本体型

普通種体型

古くから日本各地の田んぼや小川などに生息してきた一般的なメダカで、メダカ本来の体型をもっています。飼育しやすく、繁殖させるのもそれほど難しくありません

ヒカリ体型

背中に光沢があります。背ビレと尻ビレが同じ形で、尾ビレが両型尾と呼ばれる菱形になっています。ヒカリ体型同士で繁殖させると、子の99％がヒカリ体型で生まれます

ダルマ体型

普通種体型より背骨の数が少なく、胴がつまっているため、ダルマのように丸みを帯びた体型になっています。泳ぎが下手で、水質や水温の変化に敏感なため、飼育するのが難しい品種です

column

近年の注目株、ラメメダカ

キラキラ輝くラメのようなウロコをもっているラメメダカは、比較的最近（2012年頃）に作出された品種です。基本は普通種体型やヒカリ体型と同じですが、光を反射するグアニン色素の層が体表に点在しているため、ウロコがラメを散らしたように見えます。当初はレアな品種でしたが、繁殖が進み、最近はペットショップやホームセンターなどでもよく販売されています。

Point

- ☑ 改良品種のルーツをたどると、クロメダカに行きつく。
- ☑ 品種改良によって、さまざまなメダカが生み出されてきた。
- ☑ 普通種、ヒカリ、ダルマと、体型にバリエーションがある。

メダカのタイプ②

突然変異で生まれた多種多様なメダカたち

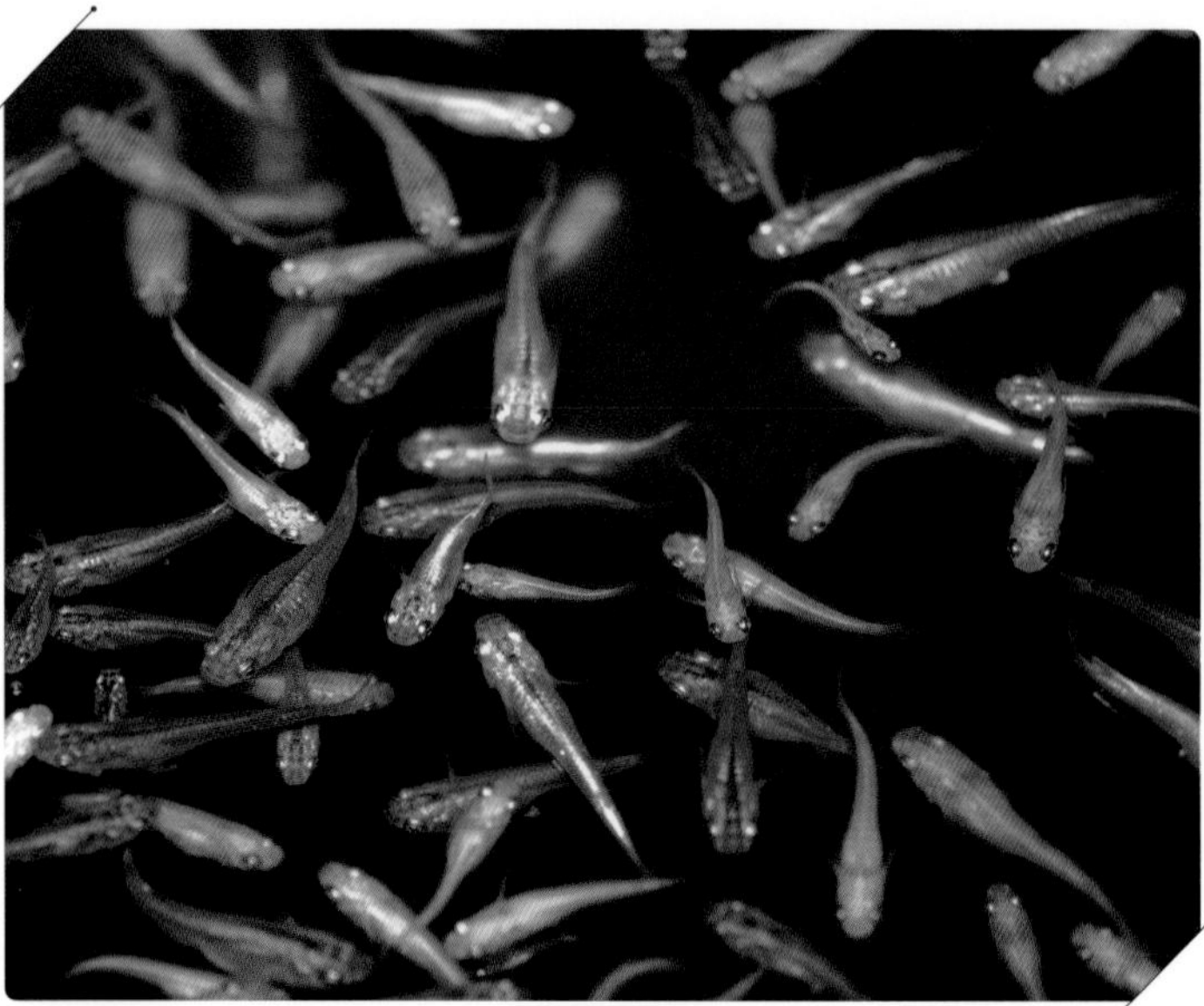

色鮮やかなメダカたち。色素の状態の違いにより、多様な色のメダカが生まれました。

●体色を決める4つの色素

メダカのタイプは、体型以外に色の変化、目の変化、ヒレの変化などでも分類することができます。

まず、色の変化での分類です。もともとメダカは黒色、黄色、白色、虹色の4つの色素をもっています。そのうち黒色が全面に出ているのが、日本のメダカの原型であるクロメダカ。クロメダカが突然変異を起こしたものが、黄色（オレンジ色）のヒメダカや、白色のシロメダカなどになります。虹色の色素が欠けたことで透き通ったウロコをもつ透明鱗《とうめいりん》と呼ばれるメダカも高い人気を誇ります。

目の変化による分類では、目が黒く縁どられているパンダ目、両目が上や横向きに張り出している出目、メラニン合成が行われず毛細血管が透けて赤く見えるアルビノ目、通常より大きなビッグアイなどがあります。

ヒレの変化による分類では、体全体のヒレが伸長するヒレ長、一部だけ伸長するスワロー、背ビレが2枚に分かれるセルフィンなどに分けることができます。

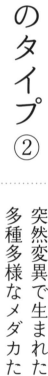

メダカのいろいろな分類

色の変化による分類

黒色

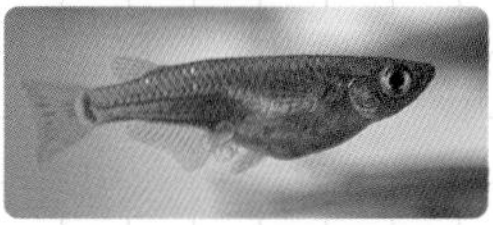

4つの色素のうち黒色が全面に出ている本来のメダカの色味です

黄色

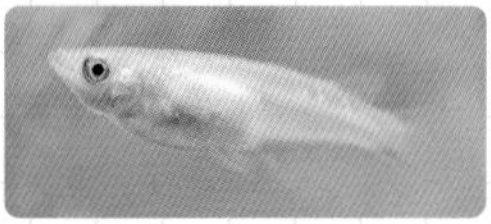

黒色の色素が欠如したことにより、黄色（オレンジ色）の体色が発現しています

白色

黒色と黄色の色素が欠如した結果、白体の体色をしています

青色

黒色と黄色の色素が欠如した結果、青味がかって見えるようになりました

目の変化による分類

出目

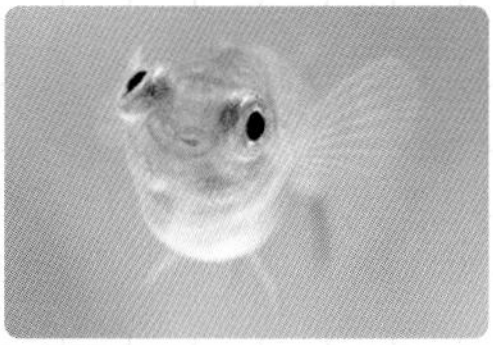

頭蓋骨が変形しているため、両目が飛び出しているように見えます

パンダ目

虹色の色素が欠如しているせいで、目が黒く見えます

アルビノ目

メラニン合成が行われないため、毛細血管が透けて見えます

ビッグアイ

出目のように目が飛び出しているのではなく、眼径が非常に大きいです

スモールアイ

黒目が著しく萎縮しており、視力が弱いのが特徴です

ヒレの変化による分類

ヒレ長

すべてのヒレが全体的に伸長します。その長さや形状は個体によります

スワロー

各ヒレが部分的に突出して長いのが特徴。その長さや数は個体によります

セルフィン

背ビレが2枚に分かれています。「サムライ」とも呼ばれています

菱尾《ひしお》

尾ビレが菱形になっています。普通種体型かダルマ体型に現れます

マルコ

背ビレがないことを最大の特徴としています

Point

- メダカは色や目、ヒレの変化などでも分類される。
- メダカは本来、黒色、黄色、白色、虹色の4つの色素を有する。
- 多様なタイプがメダカ人気の要因のひとつになっている。

作出の歴史

新しい品種が少しずつ生み出されてきた

三色ラメ体外光メダカ。3色の柄と長い体外光を表現した改良品種です。

●次々に登場する改良品種

楊貴妃《ようきひ》メダカ、幹之《みゆき》メダカ、パンダメダカ、三色メダカ、ダルマメダカ……。品種を改良したり、新品種をつくったりすることは、メダカ飼育の醍醐味《だいごみ》のひとつです。現在では700種以上の改良品種が存在しており、今後もさらに増えると考えられています。

先に述べたとおり、かつての日本にはニホンメダカ（クロメダカ）しか生息していませんでしたが、江戸時代には庶民がそれを観賞魚として飼っていました。そうしたなか、クロメダカの突然変異で黄色いヒメダカが登場。昭和初期にはシロメダカ、20世紀後半には丸い体型のダルマメダカが見つかるなど、少しずつ改良品種が増えていきました。

そして2000年代に入り、さらに改良が進むと、楊貴妃メダカや幹之メダカが登場し、メダカブームが到来しました。そしてメダカの繁殖・改良がプロのブリーダーだけでなく一般にも広がり、ますます多くの改良品種がつくられることになったのです。

品種改良の歴史

年代	出来事
江戸時代以前	ニホンメダカ（クロメダカ）が各地に生息していた
江戸時代	メダカが観賞魚として広く定着する
	ヒメダカが登場し、庶民に親しまれる
1913年	メンデルの法則により、メダカの体色の遺伝のしくみが明らかになる
	メダカの体色とともに体型の改良も進む
昭和初期	シロメダカが流通する
20世紀後半	ダルマメダカが登場し、人気を博す
1990年代	アオメダカが流通する
2000年	この頃からメダカの品種改良が盛んになる
2004年	楊貴妃メダカが登場し、メダカブームの火付け役となる
	琥珀メダカが登場する
	アルビノメダカが流通する
2005年	出目メダカが登場する
2006年	透明鱗スモールアイメダカなどが登場する
2007年	幹之メダカが登場し、大きな話題になる
2009～11年頃	ヒカリ系、ダルマ系メダカが次々に登場
	透明鱗系メダカも充実していく
2012～15年	ラメ系、体内光系メダカが充実していく

江戸時代後期の写生図録『梅園魚譜』に描かれたヒメダカ

2000年代以降のメダカブームを牽引した楊貴妃メダカ（上）と幹之メダカ（下）

参考：めだかの館HP・改良めだか年表

Point

- ☑ 日本ではメダカの品種改良が300年以上前から行われてきた。
- ☑ クロメダカが多様な改良品種のルーツとなっている。
- ☑ 2000年代に品種改良のブームが到来した。

プラスα　品種ギャラリー

メダカの改良は江戸時代にはじまり、これまでに多くの改良品種が生み出されてきました。とくに2000年代以降、次々に新しい改良品種が登場し、全国のメダカファンを喜ばせています。現存する美しいメダカたちは、ブリーダーの努力の結晶。今後もさらに多くの新品種が誕生することでしょう。ここでは新旧の代表的な品種を紹介します。

クロメダカ

日本原産のメダカで、改良品種の原種。つまり、現在700種以上いるとされる改良品種は、このメダカをルーツとしていることになります。「クロ」とはいいますが、環境によって体色の濃さが変わります

ヒメダカ

クロメダカが突然変異を起こした黄色（オレンジ色）の品種。江戸時代に登場し、現在まで親しまれています

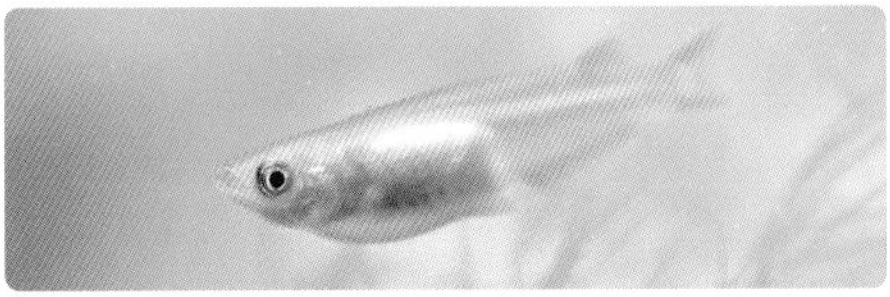

シロメダカ

白以外の色素胞が極めて少ないため、全身が真っ白になっています

アオメダカ

「アオ」とはいえ、はっきりした青色ではありません。シロメダカより色素が濃く、青みがかった色合いに見えます

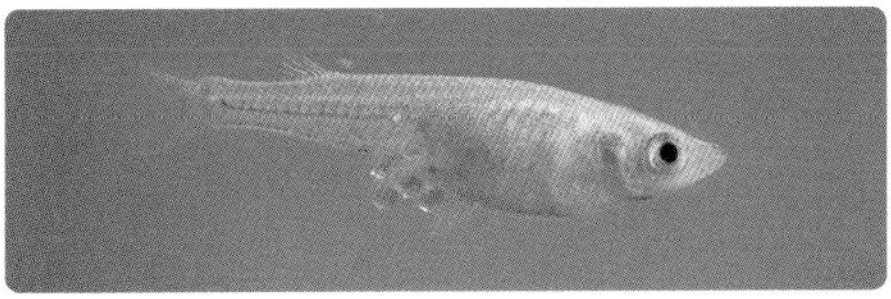

ダルマメダカ

脊椎《せきつい》変異によって体全体が短くなった金魚のようなメダカ。20世紀後半に登場しました。このメダカがメダカの品種改良におけるひとつの転換点になりました。写真上はダルマ、下は半ダルマです

ヒカリメダカ

通常は腹部に集まっている虹色素胞が背中に転移したことにより、上から眺めると光って見えます。菱形の尾ビレ、同じ形の背ビレと尻ビレも特徴のひとつです

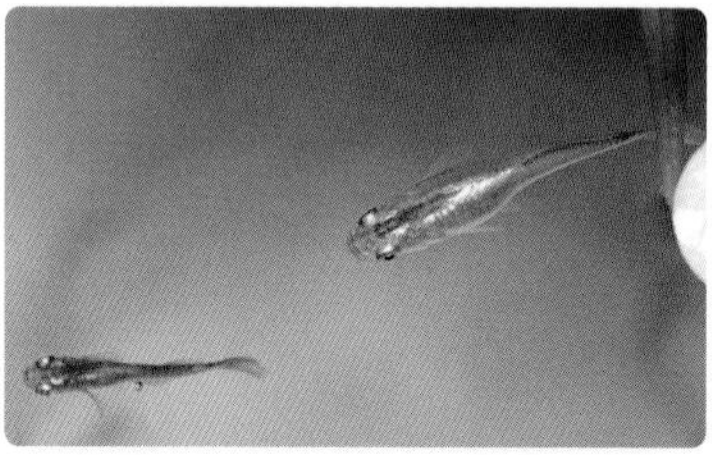

アルビノメダカ

「アルビノ」とはメラニン色素が欠乏する遺伝子の疾患を有する個体のことで、アルビノメダカは全身が白く透き通っています。赤い目は透けて見える血液の色です

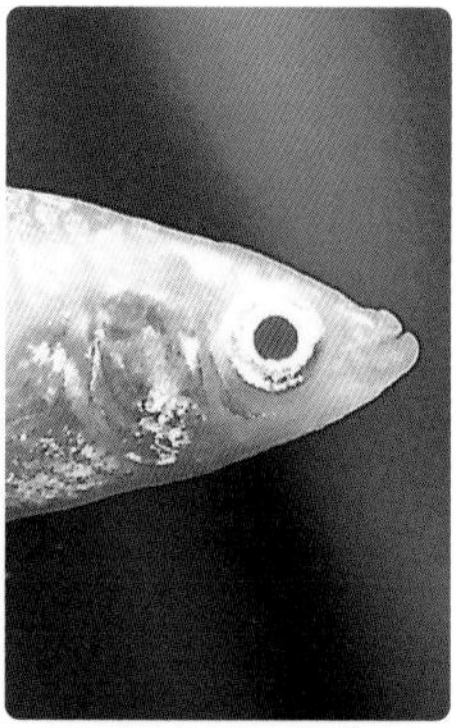

幹之《みゆき》メダカ（体外光メダカ）

背中の青い輝きが特徴的で、上から見たときに美しさがきわ立ちます。突然変異で生まれた個体を掛け合わせ続けて2007年に作出されました。改良メダカを代表する人気品種です

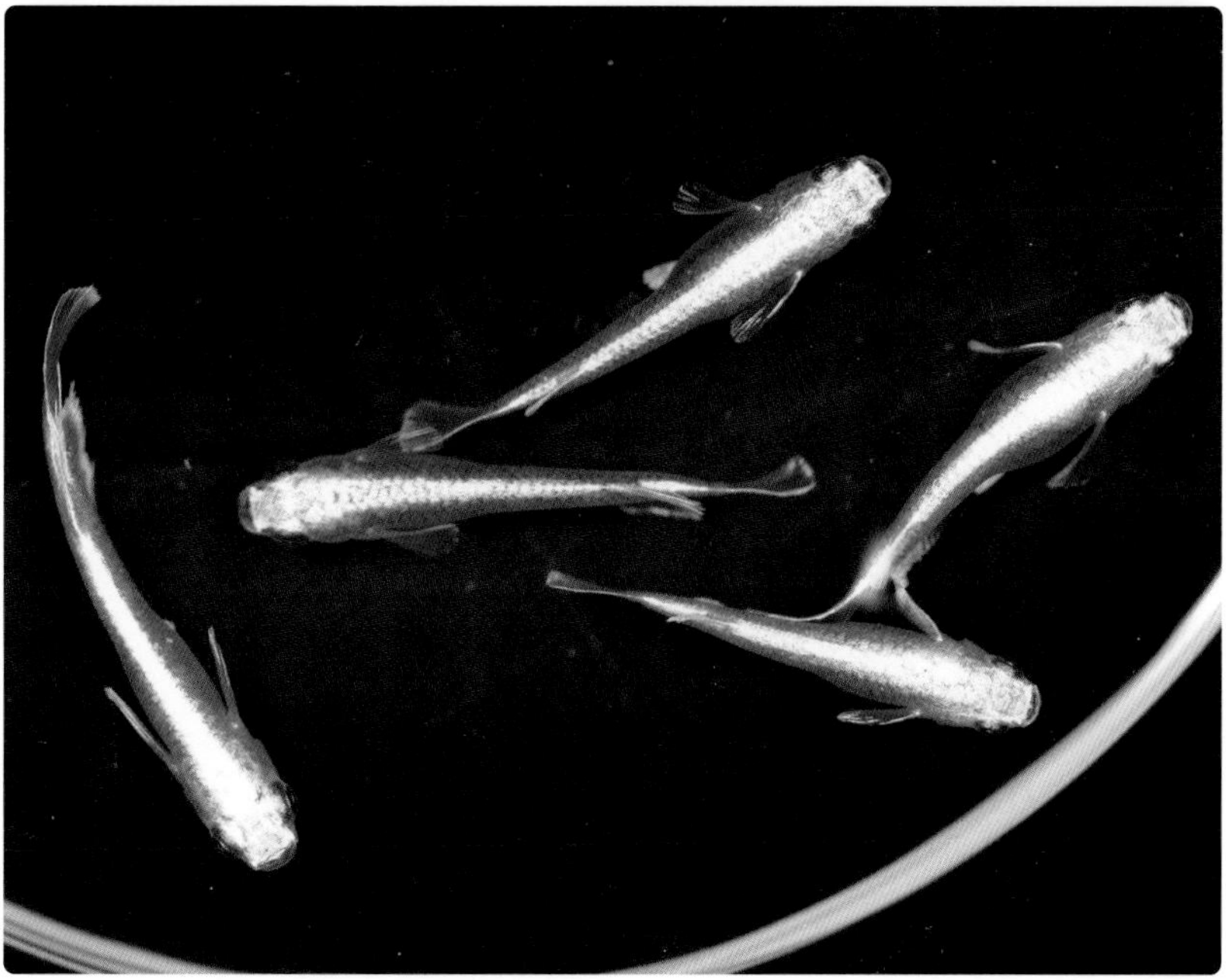

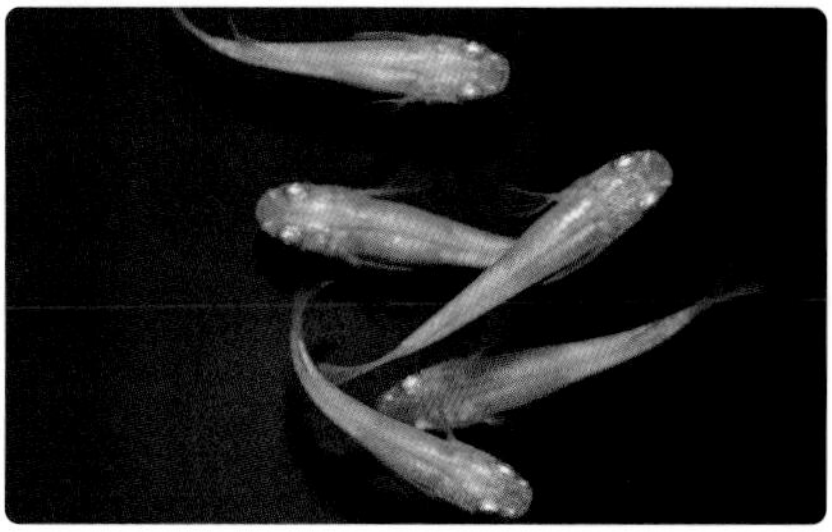

小雪（体内光メダカ）

幹之メダカに代表される体外光メダカから生まれたのが体内光メダカ。その名のとおり体内が光るメダカです。青色や黄色の光が体の内側に発現します

ラメメダカ

体外光メダカは背中全体が光るのに対し、ラメメダカはウロコの１枚１枚に光が発現します。かつては銀色系のラメがほとんどでしたが、現在はさまざまな色彩が見られます

透明鱗《とうめいりん》メダカ

エラ蓋《ぶた》（ほっぺの部分）が透け、血液の赤色が見えるのが特徴のメダカ。体色も全体的に透明になっています。これは虹色素胞が欠如することで起こります

出目メダカ

目が左右に突き出た愛嬌のあるメダカ。頭蓋骨が短く、目が押し出された結果、このような姿になっています。固定化の難しい品種でしたが、最近は確率が上がってきました

ブラックメダカ

ブラックメダカ、スーパーブラックメダカ、小川ブラックメダカなど、黒色系のメダカも高い人気を誇ります。そのなかで極めて黒いのがオロチ。全身に黒色がのっており、独特の雰囲気を漂わせています

ブラックメダカ

オロチ

楊《よう》貴《き》妃《ひ》メダカ

楊貴妃といえば世界三大美女のひとり。その美女のように美しいオレンジ色のメダカです。2004 年に誕生し、メダカブームの火付け役になりました。ダルマ体型やヒカリ体型など、バリエーションも豊富です

紅白メダカ

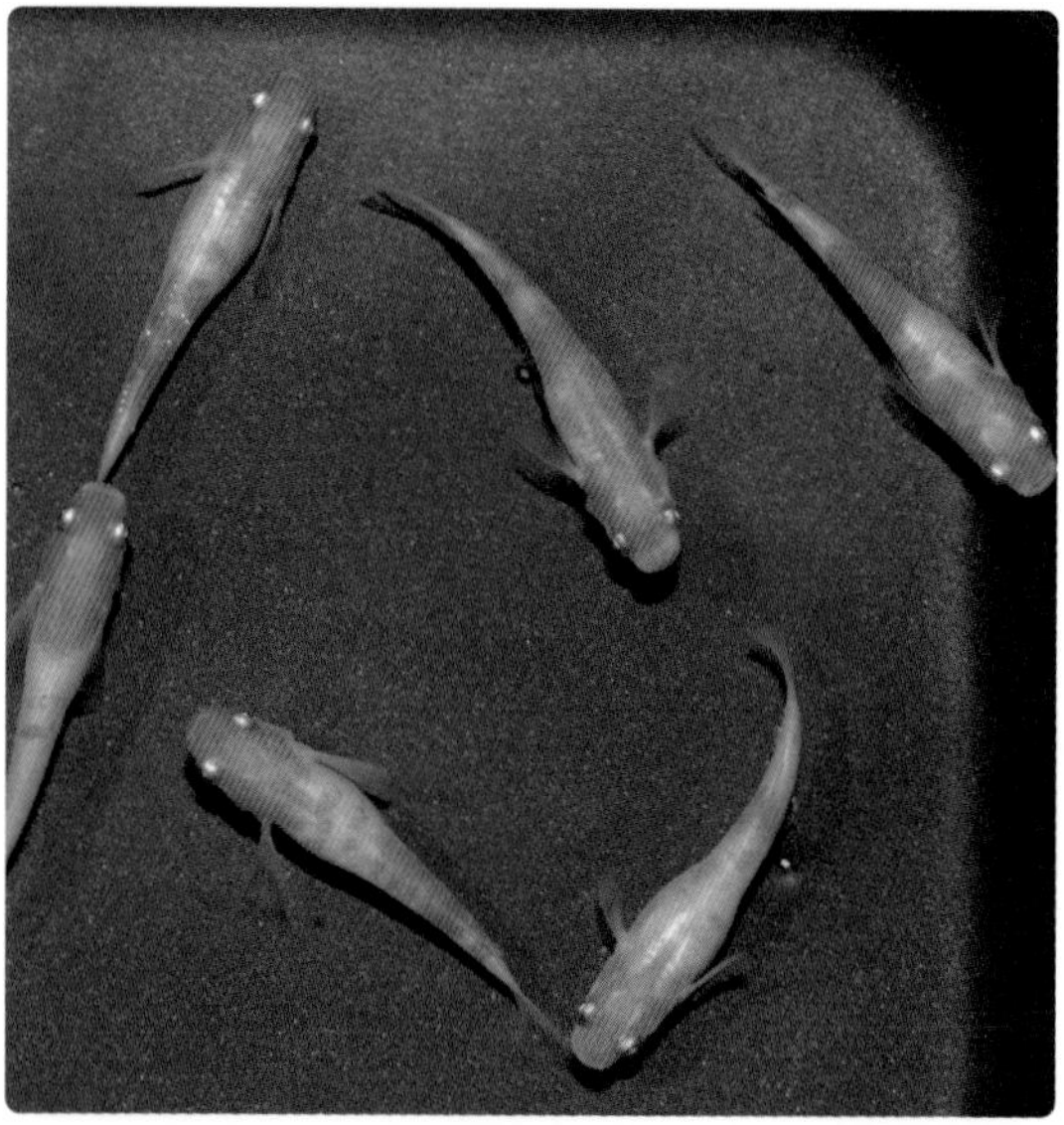

その名のとおり、赤と白の 2 色が発現しているのが紅白メダカ。上から見ると、錦鯉のような雰囲気です。白がはっきりすることによってコントラストがきわ立ちます

三色メダカ

紅白メダカの赤と白に黒が加わると、三色メダカになります。カラフルなだけでなく、ラメが入っていたり、体外光がのっていたりするものも作出され、鮮やかな色合いを楽しむことができます

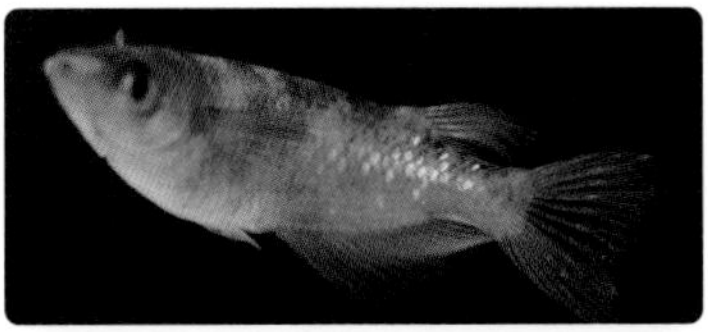

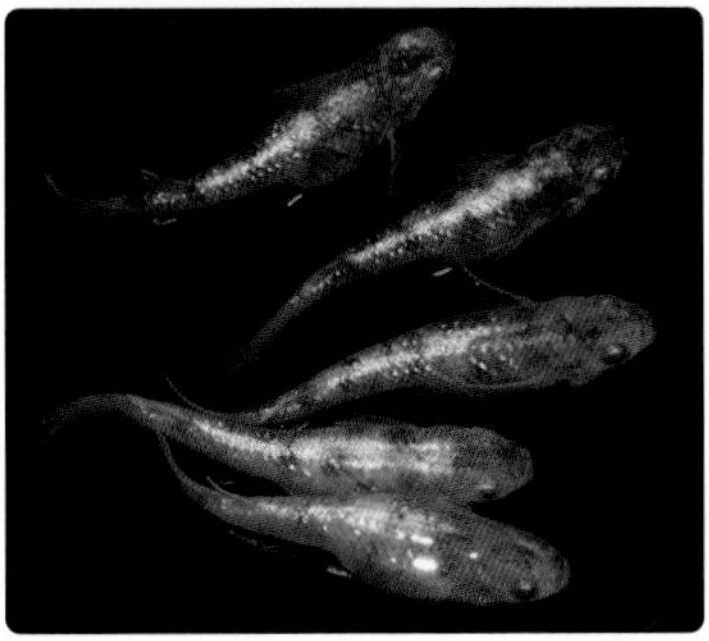

ヒレ長

尾ビレが扇状に伸長したヒレ長は、ヒレの変化のなかでも、多くの改良品種に取り入れられています。水中での長い尾ビレの動きは優雅な印象を与えてくれます

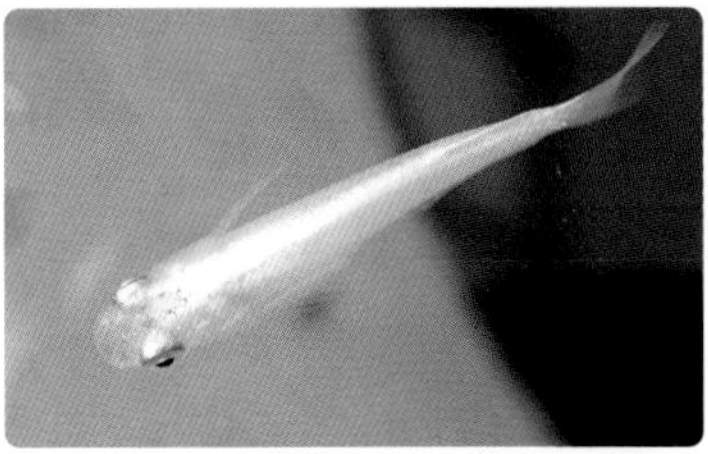

ロングフィン

背ビレと尻ビレが伸長したロングフィンは、ヒレ長同様、人気の表現。ヒレに光が発現するメダカもいます

遺伝のしくみ

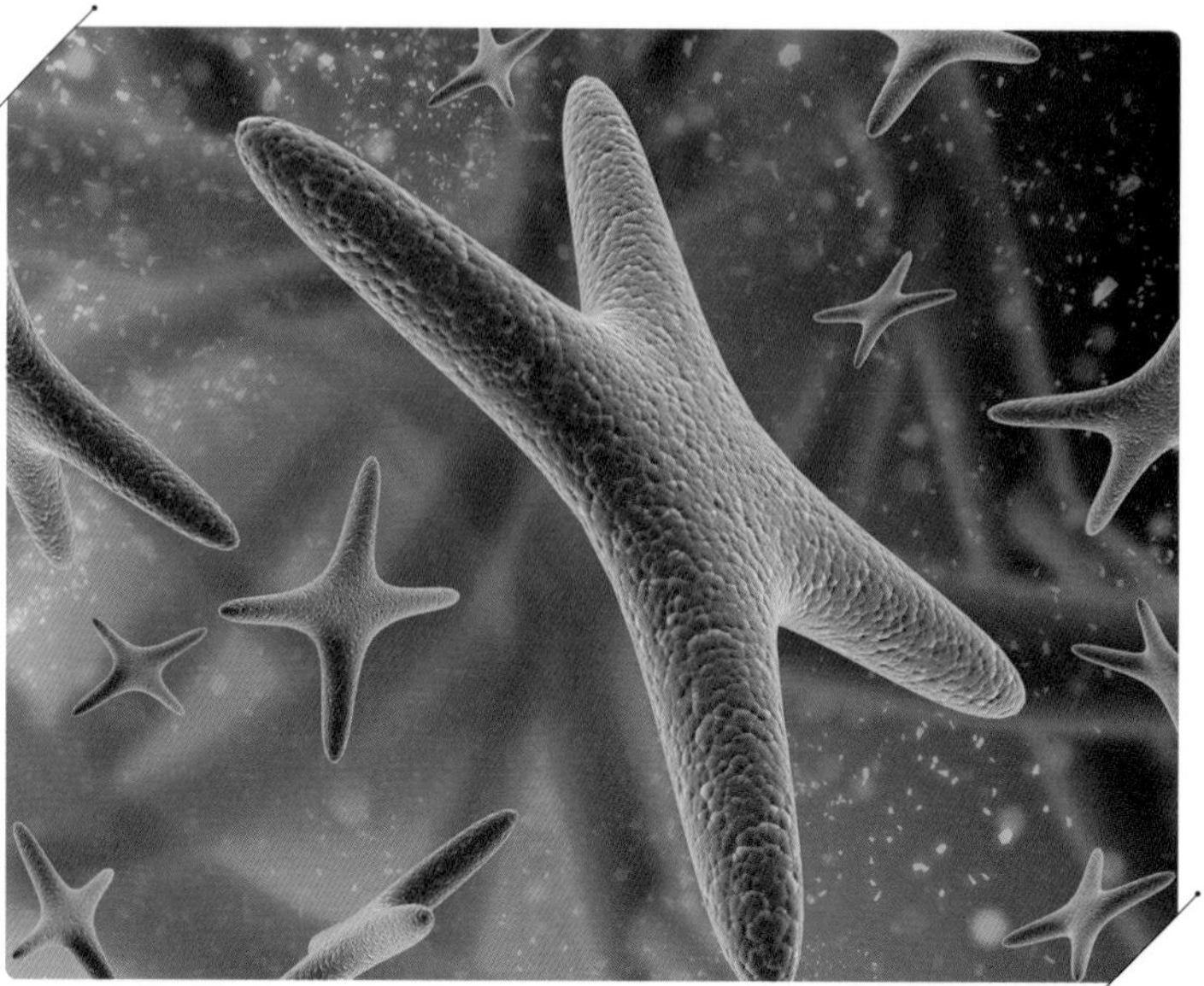

遺伝の知識があると、改良品種を作出しやすくなります。

メンデルの法則をふまえて交配させる

●なぜ、親の特徴が子へ伝わるのか？

メダカの品種改良を行う際、ぜひ知っておきたいのが「メンデルの法則」です。親の形質が子へと受け継がれる基本ルールを理解したうえで繁殖をはじめましょう。

そもそもメンデルの法則とは、19世紀のオーストリアの修道僧で生物学者でもあったG・メンデルが発表した遺伝の根本的な原則のことで、優性の法則、分離の法則、独立の法則からなります。

遺伝子には優性遺伝子と劣性遺伝子があり、両者が同時に存在する場合は、優性の形質のみが現れるというのが優性の法則。一方、親から子へと受け継がれた遺伝子が次世代に伝わる際、優性・劣性形質の個体数が3対1に分離するというのが分離の法則。そして、異なる2つ以上の形質はそれぞれ独立して遺伝するというのが独立の法則です。

これらの法則に従うと、親メダカからどんな子が生まれるかを推測できるので、どんな姿形・色のメダカを作出したいのかをイメージしつつ種親を選ぶのです。

遺伝のしくみを理解しよう

メンデルの法則とは何か？

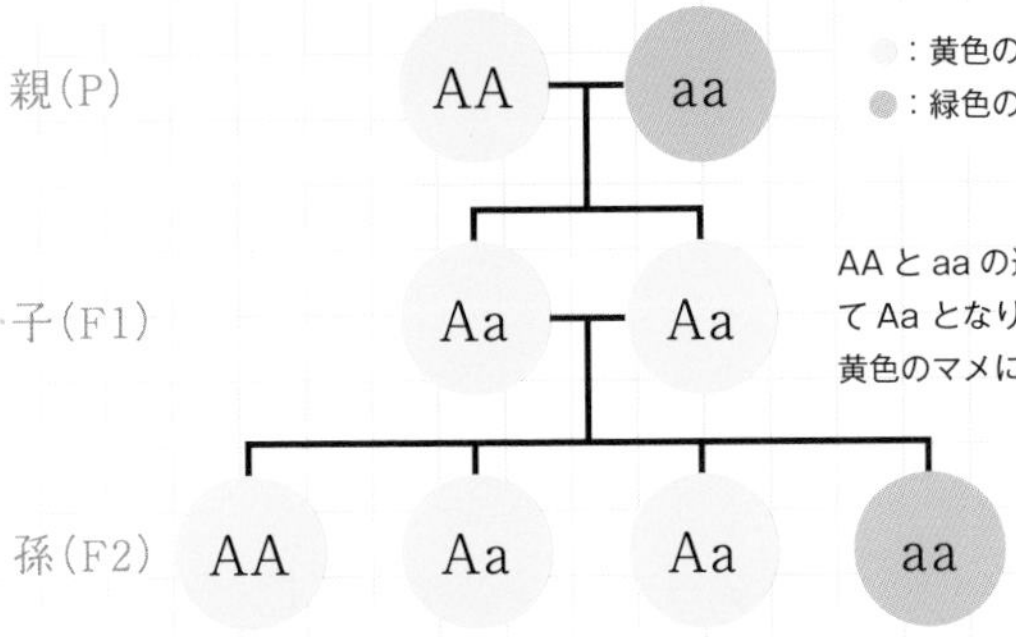

○：黄色のマメ　A：黄色になる遺伝子
●：緑色のマメ　a：緑色になる遺伝子

AA と aa の遺伝子をもつ親から生まれる子は、すべて Aa となります。A が優性遺伝子とすると、すべて黄色のマメになるということです（＝優性の法則）

Aa と Aa の遺伝子をもつ親を掛け合わせた場合、優性形質の個体（黄色のマメ）と劣性形質の個体（緑色のマメ）が 3：1 の割合でできます（＝分離の法則）

メンデルの法則からメダカの子を予測する

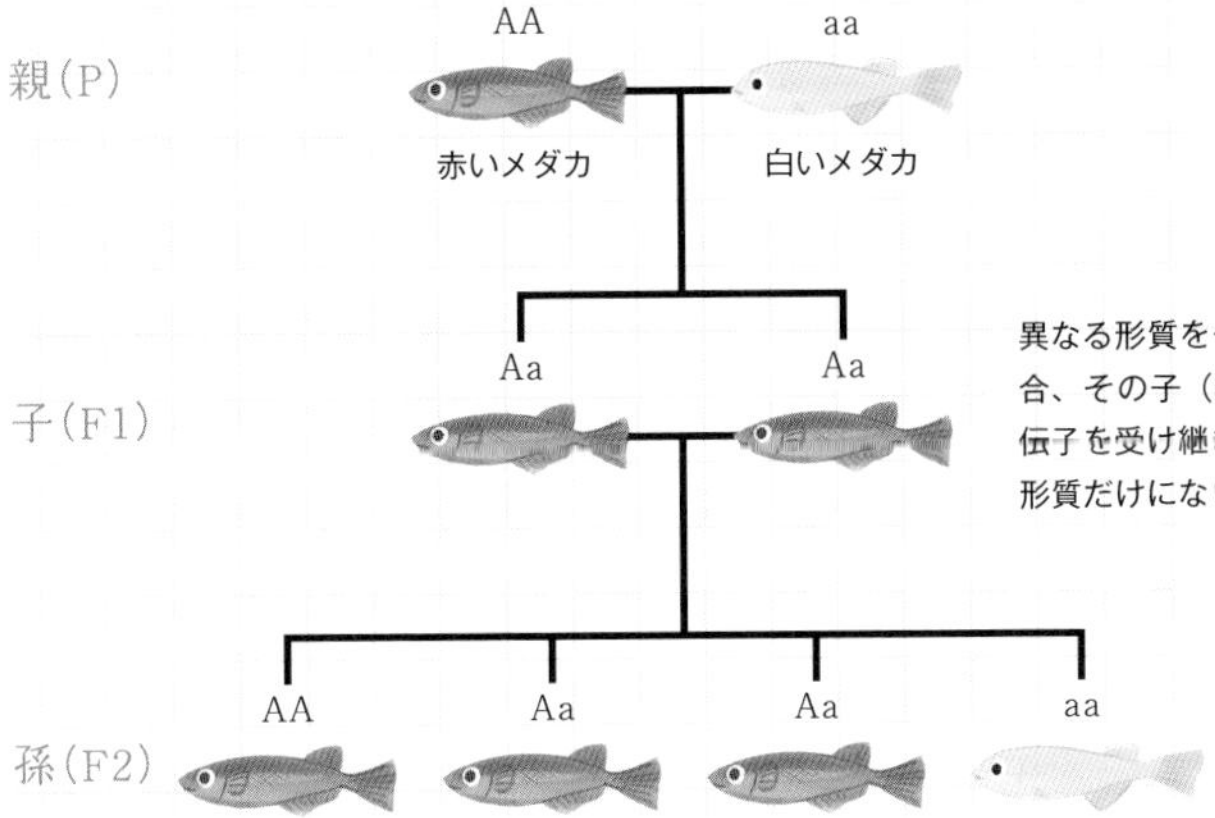

異なる形質をもつ親（P）を交配させた場合、その子（F1）は両親のそれぞれの遺伝子を受け継ぎますが、顕現するのは優性形質だけになります（＝優性の法則）

F1 同士を交配させた場合、その子（F2）は優性形質の個体と劣性形質の個体が 3：1 の割合で生まれます（＝分離の法則）

Point

- ☑ 作出を行う際には、メンデルの法則の知識が役に立つ。
- ☑ メンデルの法則のなかでも優性の法則と分離の法則が重要。
- ☑ メンデルの法則で子の姿を推測できるようになる。

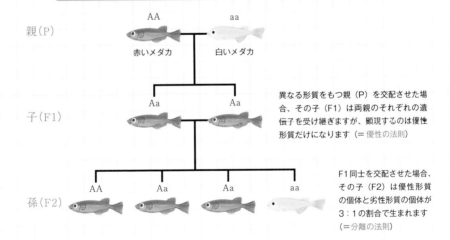

作出の流れ

思い描いた形質のメダカをつくる

異なる品種同士を掛け合わせて、これまでにないメダカをつくる――。メダカ飼育の醍醐味です。

●失敗は成功のもとと考える

メダカの系統を維持したり、新たな改良品種を生み出すことは簡単ではありません。しっかりした計画と根気強さが必要ですし、運にも左右されます。上手くいかないことも少なくありません。むしろ、思い描いたメダカを作出できるケースのほうが稀《まれ》でしょう。

しかし、それはプロのブリーダーたちも通ってきた道です。最初は堅苦しく考えず、ゆっくりと楽しみながら交配させてみましょう。

まず、どんな姿形・色のメダカをつくりたいのかをイメージして種親を交配させます。交配させた子のなかから特徴的な形質、新たな形質をもつものが出現したら、そのメダカを選別して次の世代に形質を引き継がせ、うまくいったらまた次の世代に引き継がせ……という作業を繰り返し、何代もかけて形質を固定させていきます。そして、その形質が高確率で受け継がれるようになれば、晴れて作出成功となるのです。

作出の3ステップ

STEP1　作出するメダカをイメージする

どんな姿形・色のメダカをつくりたいかを具体的にイメージして、種親にするメダカを選びます

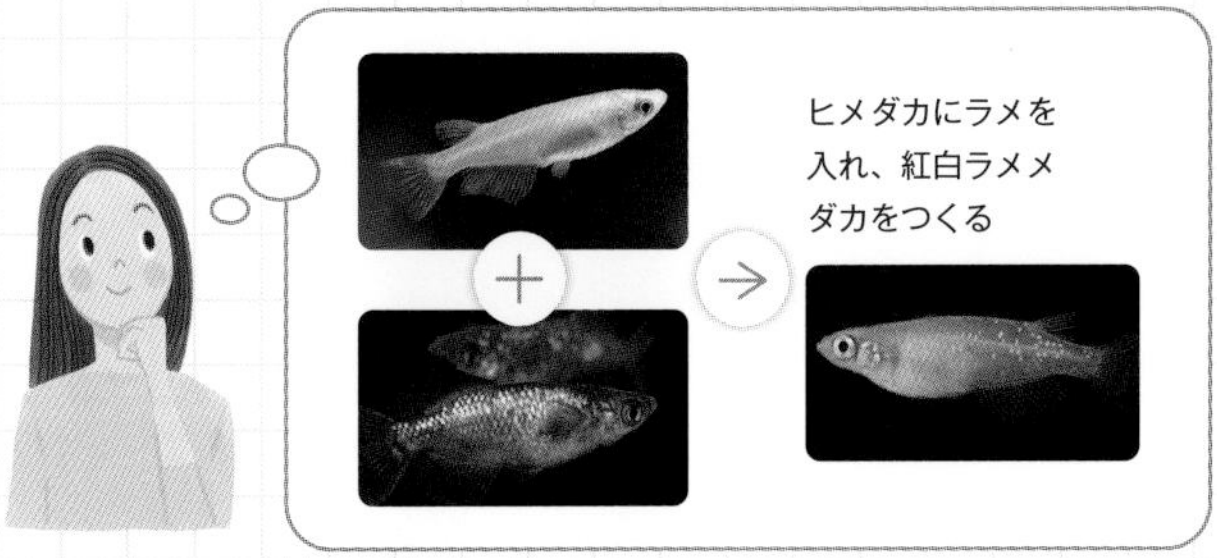

STEP2　生まれたメダカを選別して交配させる

子が生まれたら、そのなかから特徴的な形質をもつ個体を選び、再び交配させます

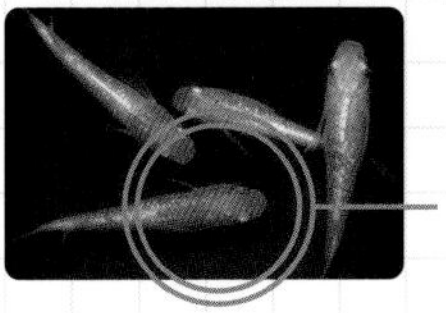
特徴的な形質、新しい形質がよく表れているものを選別する

STEP3　メダカの形質を固定させる

STEP2と同じように交配を行い、その作業を繰り返して、形質を固定させていきます

3世代のメダカ　　6世代のメダカ

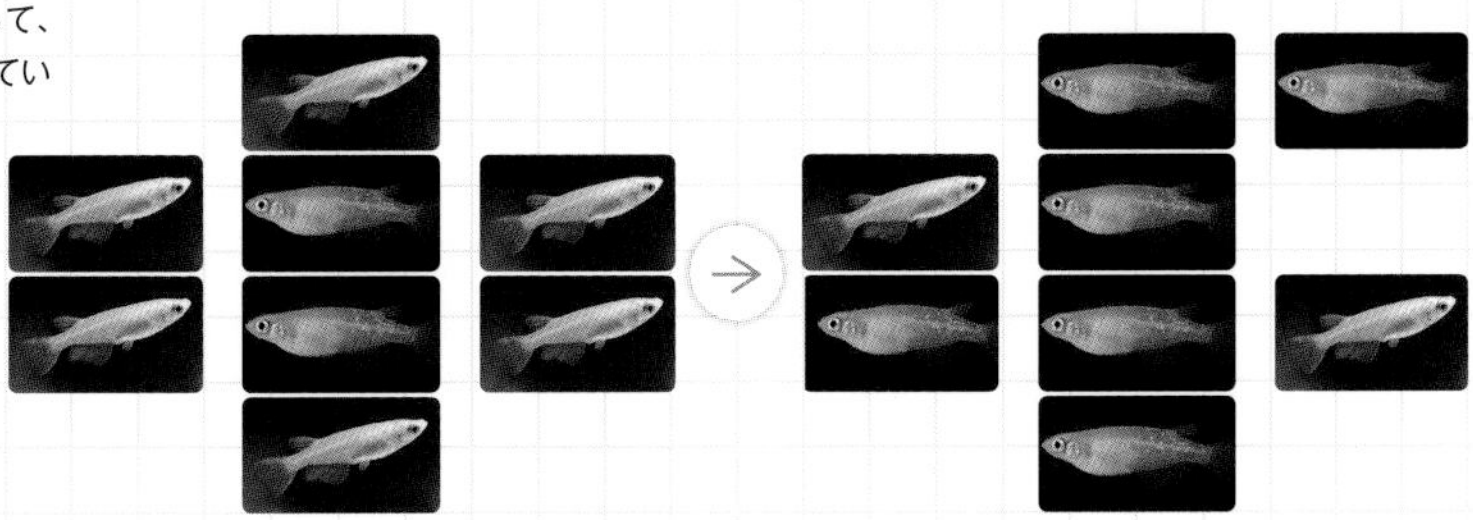

25%の固定率で新しい形質が出現　　75%の固定率で新しい形質が出現

Point

- ☑ メダカの作出には、しっかりした計画と根気強さが必要。
- ☑ 理想のメダカをイメージして、種親を選ぶ。
- ☑ 子のなかから形質がよく表れている個体を次の種親にする。

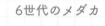

系統維持の方法

特徴ある系統を維持するためには、選別が重要になってきます。

選別交配を行い、特徴ある系統を何代も維持する

特徴がはっきりしている親を選ぶ

メダカを繁殖させる動機のひとつに、系統を維持するためというものがあります。楊貴妃メダカ、幹之メダカ、パンダメダカといった改良品種は、自然に任せて繁殖させているだけでは、その特徴的な姿を何代にもわたって保つことができません。各品種の個性と美しさを維持し続けるためには、さらなる努力が必要なのです。

では、系統維持のための努力とはどんなものかというと、もっとも重要なのは選別です。種親を選ぶ際、その品種の特徴がとくによく表れているオス・メスを選び、交配させます。色彩や柄など、理想的な種親を見極めて次の世代のメダカを生み出していくのです。

また、選別には品種によってポイントがあります。たとえば楊貴妃メダカの場合は、腹部までを含めて体全体が赤い個体を選ぶとよいといわれています。幹之メダカの場合は、背中の光沢が口先までのっている個体を選ぶとよいといわれています。

品種別の選別ポイント

楊貴妃メダカ

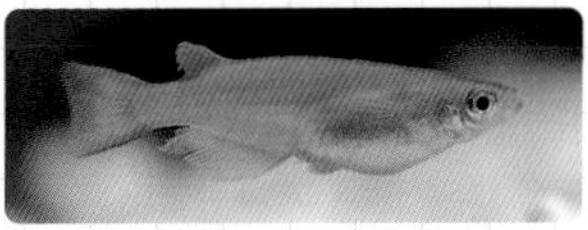

より赤い個体を種親にします。色のりしづらい腹部までを含めて、体全体が赤いものがよいとされています。ヒレの赤さを重視したり、色のりしている部分としない部分のコントラストを重視する人もいます

幹之メダカ

背中の光沢が口先までのっている個体がよいとされています。最近は「ヒレ光」という要素も重要視されています。どこを光らせたいのか、というテーマをもって繁殖と選別を繰り返すことにより個性が出てきます

三色メダカ

透明鱗遺伝子由来の三色メダカの場合、より赤さが際立つもの、白さが際立つもの、「墨」と呼ばれるブチ模様が発達しているものといったように、それぞれの色味の切れ目がハッキリとしている個体を選びます。幹之遺伝子由来の三色メダカの場合、赤さ、白さ、ブチ模様に加えて、体外光がきわ立つように、ラメが美しく見える個体を選びます

ブラックメダカ

体が透けず、横からでも真っ黒に見えるかどうかが基本的な選別ポイントです。ほかに、尾ビレ全体まで黒く見えるかという点も重要です。ひたすら真っ黒を目指すのか、ヒレに黄色やオレンジ色が加わっていたほうがよいのかなど、細かい部分まで選別ポイントに加えると、個性的なブラックメダカになるでしょう

ラメメダカ

体全体に散りばめられたような表現を好む場合、背中にびっしりと並ぶような表現を好む場合、さらに体全体がメタリックに覆われているような表現を好む場合と、ラメの表現の好みに合わせて選別することにより、個性が出てきます

体内光メダカ

腹膜から尾ビレの付け根の体内が平面的に光っている通常の体内光メダカと、体内全体が電飾のような光り方をする全身体内光メダカがいますが、どちらも繁殖と選別を繰り返した結果つくられた品種です。選別の際、自分の好みの個体を次世代の種親とすることで、さらに多様な表現が期待できます

Point

- 改良品種は自然交配だけでは個性や美しさを維持できない。
- 特徴ある系統を維持するには適切な選別を行う必要がある。
- 選別方法は、品種によってポイントがある。

品種改良の方法

ヒレが大きく伸長した幹之メダカの「リアルロングフィン」品種。

選別を重視し、突然変異の出現を見逃さない

●子どもの群れをよく観察しよう

メダカの繁殖は、系統維持を目的とするもののほかに、品種改良を目的とするものがあります。これまでにない模様や色をもつメダカを誕生させるということは、多くのメダカ愛好家やブリーダーの夢であり、ロマンです。

新しい形質をもつメダカをつくり出すためには、遺伝の知識、計画性、経験などが必要になってきます。それらは一朝一夕に身につけられるものではありませんが、長く続けているうちに、感覚のようなものをつかむことができるでしょう。

品種改良を目的とする繁殖の場合も、選別が重要なことに変わりはありません。次世代に受け継がせたい形質が表れている個体がいたら、その個体を選んで交配させていきます。そして生まれた子どもの群れをよく観察し、突然変異を見つけるのです。突然変異が現れる確率は決して高くはありませんが、繁殖させた数が多ければ多いほど、出現する確率もアップすることはたしかです。

品種改良のコツ

共通の祖先をもつ同系統の品種で、異なる形質をもった個体を交配させる

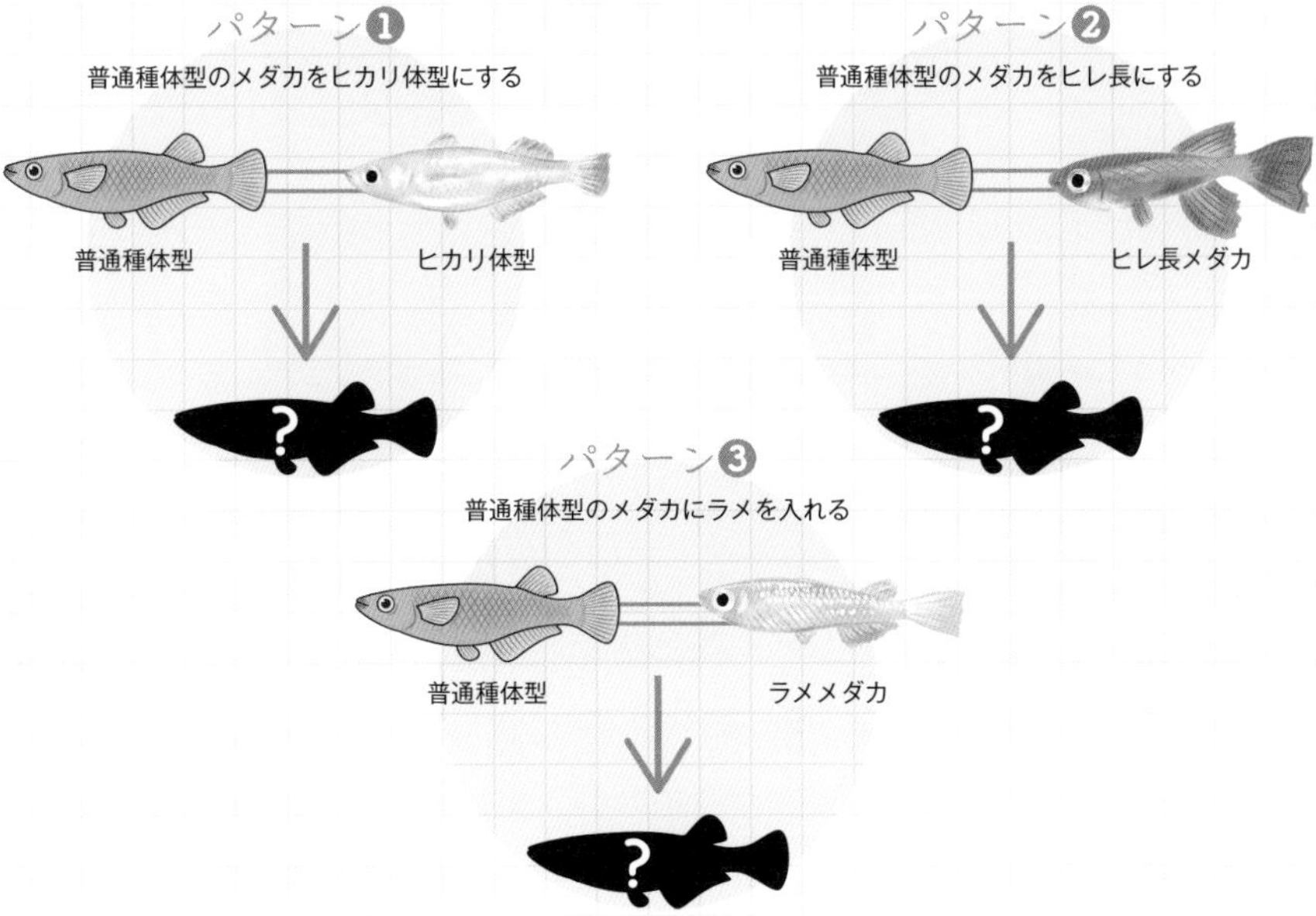

同系統同士の掛け合わせのほうが、新しい表現が出やすい

ココ失敗しがち!

“先祖返り”に注意する

メダカの繁殖を続けていると、生まれた子メダカの群れのなかに「突然変異ではないか!?」と思える個体を発見することがあります。そのときの興奮度は最高潮になるでしょう。実際、その個体が新品種である可能性もありますが、“先祖返り”かもしれません。先祖返りとは、何代も前の祖先がもっていた形質が突如として発現すること。つまり、それは新品種ではなく、祖先の形質に戻っただけです。本当に新しい発見なのか、先祖返りしているだけなのかを吟味しなければいけません。

Point

- 品種改良を実現するには遺伝の知識、計画性、経験が必要。
- 次世代に受け継がせたい形質の個体を選別して交配させる。
- 同系統同士を掛け合わせたほうが作出しやすい。

新品種が生まれたら

体全体が光って見えるサンセット極龍メダカ。幹之メダカの系統です。

新しい特徴をもつメダカを新種と認めてもらう

一世代のみではNG

幸運にも新しい表現のメダカを作出できたら、その個体の形質を固定化していきます。これまでにないメダカが生まれたとしても、その特徴が一世代のみで終わってしまえば、新しい品種として認めてもらえません。同じ形質を何代も継続してつくり出せることが認可条件となるのです。

一般に、固定率の高いメダカを掛け合わせた場合は、その特徴が遺伝する可能性も高くなり、固定率の低いメダカ同士を掛け合わせた場合は、遺伝の可能性も低くなるといわれています。

では、固定化できたらどうすればよいのでしょうか？そのときは新品種と認定してもらうための手続きを行いましょう。日本メダカ協会では２０１３年に「新品種認定制度」を設け、新品種の整理と保護に努めています。

新しいメダカの名前を決めたり、市場での値づけをしたりするのも、基本的には作出者です。値段は表現の美しさや希少性、固定率などをもとにしてつけます。

固定化できれば新品種に

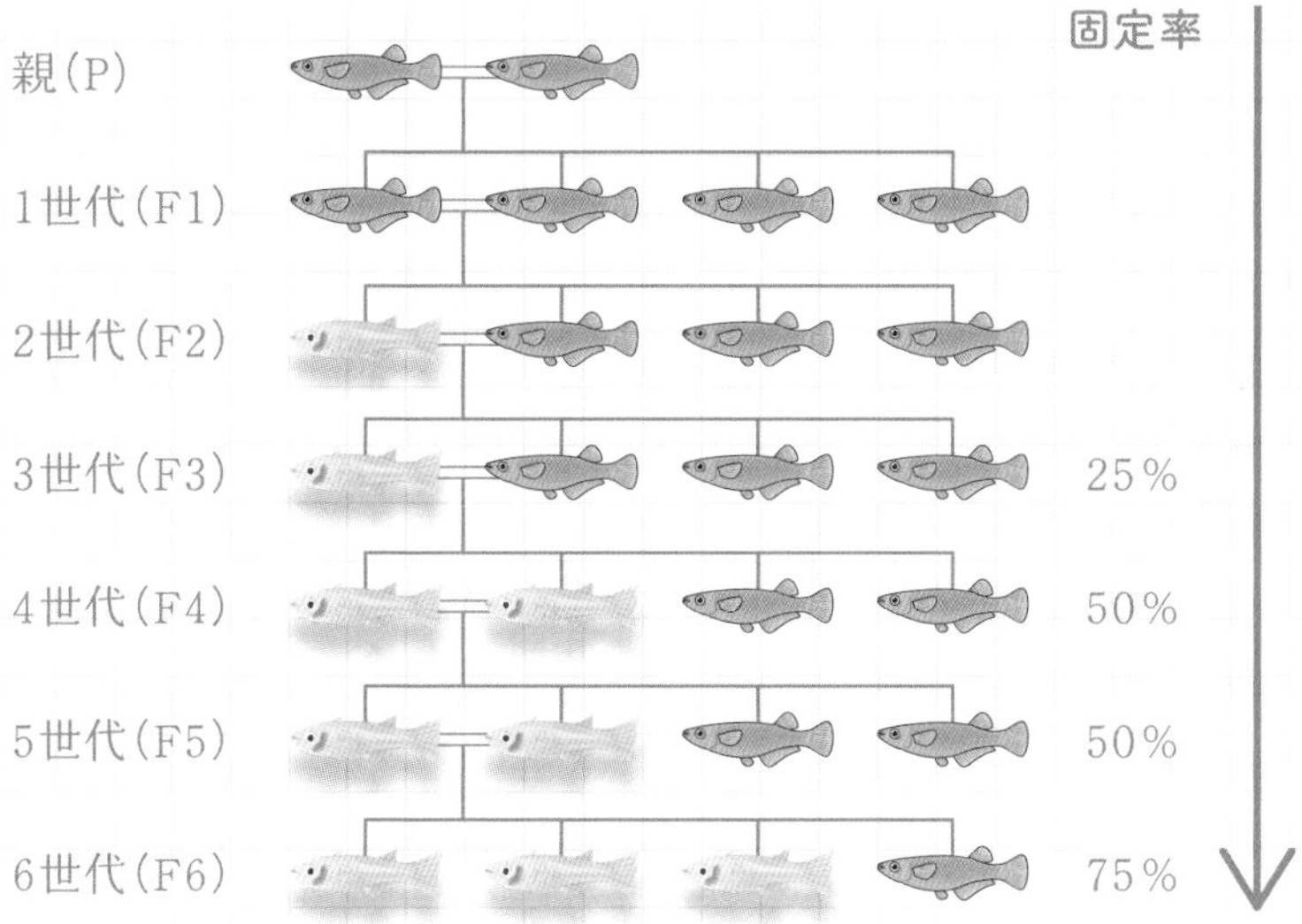

特徴的な形質が一世代のみで終わらず、何代にもわたって
受け継がれるようになれば、新品種として認められます

column

新品種の名前のつけ方

メダカの品種名は、その品種がもつ形質を順番に並べたものになります。たとえば、体色が赤色で日が点目ならば「朱赤スモールアイメダカ」となります。ただし、これでは長い名前になりやすかったり、親しみがわきにくいといったマイナス面があるため、品種名とともにニックネームもつけられています。たとえば「朱赤スモールアイメダカ」のニックネームは「楊貴妃スモールアイメダカ」となっています。

品種名とニックネームの例

品種名	ニックネーム
朱赤スモールアイメダカ	楊貴妃スモールアイメダカ
青体外光メダカ	青幹之メダカ
黄白体外光メダカ	灯
朱赤斑メダカ	錦秋メダカ
ブラックオレンジ透明鱗メダカ	五式
白朱赤透明鱗斑メダカ	三色錦メダカ
ブラックラメメダカ	黒ラメ幹之メダカ
青ヒカリメダカ	銀河（シルバーヒカリメダカ）

Point

- ☑ 新品種として認められるには固定化できなければならない。
- ☑ 日本メダカ協会で新品種の認定制度を設けている。
- ☑ 新品種の作出者は、名前や値段を決めることができる。

気になる Q & A

Q 異種交配でやめたほうがよい組み合わせはある？

A お互いの特徴を打ち消し合う組み合わせです。

メダカは基本的にどんな品種同士でも交配可能です。しかし、お互いの特徴を打ち消し合う品種同士を掛け合わせても、特徴的な形質の個体はなかなか生まれません。共存可能な形質をもつ品種を掛け合わせるようにするのがコツです。

Q 選別のとき、とくに注意して見るべき部位はどこ？

A 背骨と頭部に気をつけましょう。

遺伝の問題、あるいは物にぶつかったりして、背骨が曲がっているメダカがいます（背曲がり）。背骨は体の根幹ですから、背曲がりのメダカを繁殖に用いてはいけません。系統維持ができなくなります。また、頭部の奇形で顔が丸くなっているメダカも選別ではじくようにしましょう。近親交配を続けていると、顔の丸いメダカが出てくる傾向があります。

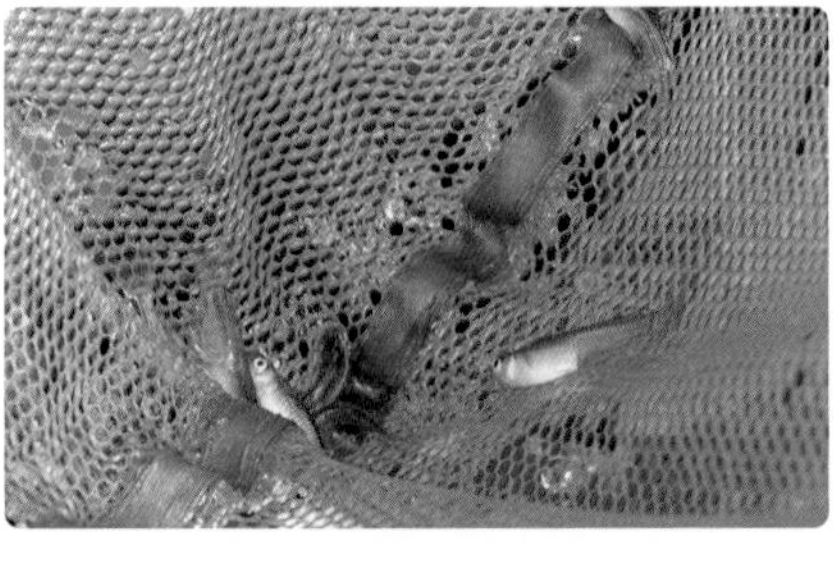

Q 特徴あるメダカを生み出すコツを教えて！

A 特徴ある親同士を交配させることです。

種親を選ぶときに、その品種の特徴的な形質がもっともよく発現している個体を選んでください。子が生まれたら、そのなかでもっともよい形質のものを種親として選び、また交配させます。そうやって特徴ある親同士を掛け合わせ続けることにより、特徴あるメダカが作出されます。

Q 突然変異で新しい品種ができる確率はどれくらいあるの？

A 繁殖させた数に比例します。

現在はメダカの飼育人口が増えたこともあり、半年に１度くらいの頻度で新品種が発表されています。繁殖させた数が多ければ多いほど、新しい特徴を発見する確率も上がります。ただし、品種改良の過程における「先祖返り」を新しい発見と勘違いする傾向も多くみられます。 先祖返りしているだけなのか、本当に新しい発見なのかを吟味する必要があります。

Q 高額で取り引きされるのはどんな品種？

A 希少かつ美しいものが高額になります。

基本的に新品種は流通量が少ないため高値がつきますが、希少なうえに、美しさを兼ね備えていると、さらに高価になります。 また、同じような美しさでも、作出者の人気によって価格が左右されることもあります。

Q 話題の“光るメダカ”は何が問題視されたの？

A 遺伝子組み換えメダカだからです。

2023年３月、赤色に発光するメダカを育成・販売した関係者が逮捕され、大きな騒ぎになりました。このメダカは遺伝子組み換えによってつくられた品種であったため、問題視されたのです。通常のメダカの改良は、同じ種同士を交配させて新しい品種を作出するものですが、遺伝子組み換えは、ある生物から遺伝子を取り出して別の生物に組み込むという方法がとられます。そうしてつくられた品種が外に出ると、生態系に悪影響を及ぼしたり、生物の未来にまで影響する可能性があることから、法律で禁じられているのです。

増えない原因、失敗チェック

4章

系統維持のための繁殖であっても、改良品種をつくるための繁殖であっても、基礎知識と根気強さ、そして経験が必要です。一朝一夕に結果を求めるのではなく、腰を据えて、気長に取り組むのが成功のコツです。

□ メダカの体型分類をおさえているか？

➡ 系統維持や品種改良を試みるなら、メダカのタイプを理解しておくのは必須です。体型のバリエーションは普通種体型、ヒカリ体型、ダルマ体型に分かれています。

□ メダカの色や目、ヒレの変化による分類をおさえているか？

➡ メダカのバリエーションは体型だけではなく、色の変化、目の変化、ヒレの変化などでも分類されます。

□ 改良品種の作出の経緯を知っているか？

➡ 本格的に改良品種を作出するのなら、歴史を知ることも大切です。日本では江戸時代からメダカの改良が行われてきました。

□ 遺伝のしくみを正しく理解しているか？

➡ メダカに限らず、あらゆる生物の遺伝に適用されるのがメンデルの法則。この法則に従えば、どんな子メダカが生まれるかを推測することができます。

□ 段階をふまえて繁殖作業を進めているか？

➡ どんなメダカをつくるかをイメージし、適切な選別を行い、生まれたメダカの形質を固定させる。この3つのステップで進めていくのが、メダカの作出の基本となります。

□ 系統維持のために正しい選別を行っているか？

➡ 改良品種を何代も美しい姿でとどめておくためには、選別が何よりも重要です。その品種の特徴がとくによく発現しているメダカを選んで交配させます。これができないと、特徴的な形質が損なわれていきます。

□ 突然変異を見逃していないか？

➡ 品種改良を行う場合も、もっとも重要なのは選別であることに変わりはありません。運よく突然変異が現れることもありますが、それを見逃してしまっては元も子もありません。生まれた子メダカは、じっくり観察するように心掛けましょう。

□ 新品種の認定申請を済ませたか？

➡ 新品種の固定化に成功した場合、新品種と認めてもらうには日本メダカ協会に申請を行う必要があります。認定されれば、晴れて新品種の誕生となります。

メダカ飼育・繁殖用語　ひと言解説

あ

アオメダカ：黒色と黄色の色素が少なく、体が青みがかって見えるメダカ。

アカムシ：オオユスリカやアカムシユスリカなどの幼虫。栄養価が高く、活餌として利用される。

アクアショップ：熱帯魚、金魚、そしてメダカなどを販売している店。

アルビノメダカ：生まれつきメラニン色素をもっておらず、全身が白く透き通っていて、目が赤く見えるメダカ。

活餌《いきえ》：生きた状態のエサのこと。ミジンコなど。

イトミミズ：水底の泥中に生息するミミズの一種。栄養価が高く、活餌として利用される。

ウィローモス：メダカや熱帯魚などの飼育によく使われる水生コケ。

上見《うわみ》：メダカを上から観察すること。

エアーポンプ：水槽内に空気を送り込むための器具。

エアレーション：エアーポンプで水槽内に空気を送り込むこと。または、その機能をもつ器具。

エラ：呼吸をするための器官。

エロモナス病：メダカの体表に赤く出血斑が現れる病気。

塩水浴：病気のメダカを塩水に入れて治療する方法。

塩素：水道水が供給される過程で消毒のために使われる薬剤。メダカにとっては有毒となる。

尾腐れ病：メダカの尾ビレの先端が溶けていき、ついには完全になくなってしまう病気。

オリジアス・ラティペス：メダカの学名。「オリジアス」は稲の学名「オリザ（Oryza）」に由来する。

か

改良品種：
異なる品種を人為的に掛け合わせてつくられたメダカ。「改良メダカ」「変わりメダカ」などともいわれる。

過密飼育：
水槽の大きさに対して、メダカの数が多すぎ、過密状態で飼っていること。

カルキ：
塩素。細菌や不純物を除去するため、水道水に含まれている。

カルキ抜き：
水道水に含まれている塩素を中和・除去すること。

求愛行動：
繁殖期になると、メダカのオスはメスに対してヒレを広げてアピールする。

グリーンウォーター：
植物性プランクトンが繁殖して緑化した水のこと。「青水」ともいう。栄養価が高く、メダカの成長を促進する。

クロメダカ：
ニホンメダカ（原種）にもっとも近いメダカ。野生のメダカを指してクロメダカということもある。

形質：
生物のもっている体の形や色などの特徴のこと。

光合成細菌：
バクテリアの一種で、アミノ酸やビタミンなどの栄養素が多く含まれている。メダカの稚魚のエサになる。

硬水：
ミネラル分を多く含む水。

コケ：
飼育容器に付着する植物の一種。

固定率：
子メダカの外見が、親メダカと同じようになる確率のこと。

さ

採卵：
メダカの卵を採取すること。間接採卵と直接採卵がある。

酸欠：
水に溶け込んでいる酸素が不足すること。

三色メダカ：
赤・白・黒の3色が体色に現れている改良メダカ。

産卵：
メスが卵を産むこと。

産卵床：
メダカのメスが卵を産みつける場所。

受精卵：
受精した卵。無色～黄色で透明。

シュロ：
ヤシ科の植物の総称。皮が水に強く、

着卵性に優れていることから、産卵床としてよく用いられる。

純血種：同じ品種のオス・メスから生まれたもの。

死卵：なんらかの原因で死んでしまった卵のこと。

シロメダカ：白以外の色素胞が極めて少ないため、白い体色をしているメダカ。

人工飼料：人工的につくられたエサのこと。

水温計：水槽内の水の温度を計測する器具。

スモールアイメダカ：眼球の黒目の部分が極端に小さいメダカ。視力が弱い。

スワロー：各ヒレが一部だけ伸長するメダカのタイプ。

成魚：十分に成長した魚のこと。稚魚・幼魚に対していう。メダカの場合、生後３ヶ月ほどで成魚になる。

赤斑病：メダカの体や目に赤い斑点が現れる病気。

絶滅危惧種：絶滅の危険性が高い生物種のこと。メダカは１９９９年に絶滅危惧Ⅱ類に指定されている。

セルフィン：背ビレが２枚に分かれるメダカのタイプ。

選別：大きさごとに稚魚を選び分けたり、繁殖させるときに種親になるメダカを選んだりする作業。

ゾウリムシ：草履《ぞうり》のような姿をした繊毛虫で、メダカの活餌として用いられる。ミジンコよりも小さいが、栄養価は高い。

底砂：水槽の底に敷く砂や砂利のこと。

た

タガメ：肉食性の昆虫。メダカを食べる。

立ち泳ぎ病：メダカが頭を上にして立っているように泳ぎ続ける病気。

種親《たねおや》：メダカを繁殖させる際、親として使用するメダカのこと。

ダルマ体型（ダルマメダカ）：ダルマのように丸みを帯びた体型のメダカ。普通種体型より背骨の数が少なく、胴がつまっているため、そうした体型になる。

淡水魚：
河川や湖沼に生息している魚。

（塩素）中和剤：
水道水のカルキ（塩素）を中和するための薬品。固形タイプと液体タイプがある。

出目メダカ：
目が出っ張っている改良メダカ。

転覆病：
メダカの腹部が膨らみ、ひっくり返った状態になる病気。

冬眠：
活動力を極端に低くした状態で越冬すること。メダカの冬眠時期は、12月後半～3月くらい。

突然変異：
ある生物の種類のなかで突然異なった形質のものが出現し、それが遺伝していく現象。

ドライフード：
人工飼料をはじめとするメダカのエサの一種。

な

軟水：
ミネラル分をあまり含まない水。

二酸化炭素：
生物が呼吸して排出する気体。水草が光合成をするときに使う。

日照時間：
直射日光が照射した時間。メダカが産卵するためには、1日13時間程度必要とされている。

ニホンメダカ：
古くから日本に生息してきた野生のメダカ。北日本集団と南日本集団に大別される。クロメダカとも呼ばれることもある。

は

バクテリア：
細菌のこと。水を浄化したり、メダカのエサになったりする。

白点病：
メダカの体表に1㎜ほどの白点が現れ、次第に増えていく病気。

針子：
フ化後、2週間くらいまでの、非常に小さい時期の稚魚のこと。

繁殖：
生物の個体が生まれて増えること。もしくは人為的に生物の個体を増やすこと。

パンダメダカ：
目の周りがパンダのように黒い改良メダカ。

ヒーター：
水槽内の水温を調節するための器具。

ビオトープ：
野生の生き物が生息できる環境条件を備える場所。

ヒカリ体型（ヒカリメダカ）：
背中が銀色に光り輝くメダカ。背ビレと尻ビレが同じ形で、尾ビレがひし形になっている。

ヒドラ：
淡水に生息するクラゲやイソギンチャクの仲間。体長1～1.5㎝ほどで、メダカの稚魚を食べる。

ヒメダカ：
黒い色素が少なく、黄色い体色をしているメダカ。江戸時代に突然変異で登場した。

ヒレ長：
体全体のヒレが伸長するメダカのタイプ

品種改良：
本来の品種がもっている特徴を、人為的に選択・交雑して新しい品種をつくり出すこと。

フィルター：
水槽内の水質を維持する器具。

フ化：
卵がかえって、稚魚が誕生すること。

普通種体型：
古くから日本各地の田んぼや小川などに生息してきた一般的なメダカ。

ブラインシュリンプ：
メダカの活餌として用いられる小さな甲殻類。栄養価が高い。

プランクトン：
自力で泳がず、水中に浮かびながら生活する極めて小さい生物。光合成をして自力で栄養をつくる植物性プランクトンと、ほかの生物を捕食して栄養をとる動物性プランクトンに大別される。

ボウフラ：
蚊の幼虫。メダカのエサになる。

捕食：
エサを捕らえて食べること。

ホテイアオイ：
メダカや熱帯魚などの飼育によく使われる水草。

ま

松かさ病：
メダカの全身のウロコが逆立つ病気。

ミジンコ：
卵のような丸い形をした動物性プランクトンの一種。メダカのエサになる。

水合わせ：
メダカを水槽の水に慣れさせる作業。

水換え：
水槽内の一定量の水を入れ替え、水質の安定をはかる作業。

水カビ病：
メダカの体表に白い綿のようなカビが現れ、次第に広がっていく病気。

水草：
水槽内を彩る。酸素供給や水質浄化をもたらしたり、メダカの隠れ家になったり、多くのメリットがある。

ミドリムシ：
植物性プランクトンの一種。メダカのエサになる。

ミナミヌマエビ：
淡水に生息する小型のエビ。メダカと共生可能。コケやメダカのエサの残りカスを食べてくれる。

幹之メダカ：
背中の一部が光って見える改良メダカ。

無精卵：
産卵されたものの、受精しなかった卵。受精した有精卵が透明なのに対し、白く濁っている。

メチレンブルー溶液：
殺菌効果があり、観賞魚の病気治療などに用いられる。

メンデルの法則：
オーストリアのG・メンデルが発表した遺伝の根本的な原則。優性の法則、分離の法則、独立の法則からなる。

や

薬浴：
病気のメダカを薬剤を溶かした水溶液に入れて治療する方法。

ヤゴ：
トンボの幼虫。肉食性で、メダカを食べる。

楊貴妃メダカ：
オレンジ色の体色が美しい改良メダカ。

ヨークサック：
フ化後まもない稚魚の腹部にぶら下がっている袋のようなもの。栄養分が詰まっている。

横《よこ》見《み》：
メダカを横から観察すること。

ら

ライト：
水槽の上部につけ、日照時間を確保する。

ろ過器：
水槽の水を浄化するための器具。

ろ材（ろ過材）：
フィルター内に入れて使う。水質をきれいにする。

◎ 主な参考文献

◎『専門店が教える メダカの飼い方 改訂版』亀田養魚場監修（メイツ出版）

◎『メダカの飼育方法 完全版』青木崇浩（日東書院本社）

◎『アクアリウム☆飼い方上手になれる！メダカ』佐々木浩之（誠文堂新光社）

◎『メダカの救急箱 100 問 100 答』小林道信（誠文堂新光社）

◎『プロ直伝！メダカの飼い方 繁殖 & 交配ガイド』水谷正一監修（実業之日本社）

◎『一歩進んだ改良メダカ 育て方・殖やし方』東山泰之 森文俊（ピーシーズ）

◎『ニホンメダカの飼育と繁殖』大場幸雄（エムピージェー）

◎『日本のメダカの飼育 12 か月』松沢陽士（学研プラス）

◎『メダカと日本人』岩松鷹司（青弓社）

◎『世界のメダカガイド』山崎浩二（文一総合出版）

◎『はじめての熱帯魚 & 水草の育て方』勝田正志監修（成美堂出版）

◎『世界一美しいメダカの育て方』戸松具視監修（エクスナレッジ）

◎『メダカ飼育読本』戸松具視監修（笠倉出版社）

◎『メダカの教科書』（笠倉出版社）

◎『メダカファンブック』（双葉社）

◎『メダカと暮らす』（コスミック出版）

◎『メダカ LIFE』メダカ LIFE 編集部編集（ガイドワークス）